아버지를 가지라

샬롯 메이슨의 '삶의 교육'을 따라
걷고, 놀고, 길러 낸 코람데오

아버지를 가져라

ⓒ 권혁철, 2026

초판 1쇄 발행 2026년 4월 17일

지은이   권혁철
펴낸이   이기봉
편집   좋은땅 편집팀
펴낸곳   도서출판 좋은땅
주소   서울특별시 마포구 양화로12길 26 지월드빌딩 (서교동 395-7)
전화   02)374-8616~7
팩스   02)374-8614
이메일   gworldbook@naver.com
홈페이지   www.g-world.co.kr

ISBN   979-11-388-5729-1 (03590)

아버지를 가지라

샬롯 메이슨의 '삶의 교육'을 따라
걷고, 놀고, 길러 낸 코람데오

권혁철 지음

좋은땅

차례

1장.
코람데오 홈스쿨

2장.
코람데오 홈스쿨의 실제

3장.

한반도 국토 종단과 국토 횡단

4장.

14년의 신체 활동을 마무리하며

추천사

"아버지를 가지라."

이 책의 제목을 처음 마주했을 때, 저는 잠시 숨이 멎었습니다. 같은 입양 아빠로서, 그리고 오랜 기간을 여러 입양 가족을 지켜본 사람으로서, 그리고 한 사람의 신앙인으로서, 이 짧은 문장 안에 담긴 무게가 온몸으로 전해졌기 때문입니다.

입양은 분리와 상실의 상처를 지닌 아이가 입양 부모와의 재애착을 통해 치유와 회복을 누릴 수 있는 귀한 과정입니다. 하지만 네 살짜리 유신이가 있는 상황에서 생후 6개월 된 유하와 세 살짜리 유민이를 동시에 입양하여 안정적인 재애착을 만들어 가는 것은 지극히 어렵고도 힘든 과정이었을 것입니다. 그 험난한 길을 권 목사님은 도망치지 않고 정면으로 통과했습니다. 아들들에게 가장 필요한 '아버지'를 주었습니다. 아이들을 위해 시간을 내어 주는 아버지, 비가 와도 함께 나가는 아버지, 포기하지 않고 끝까지 곁에 있어 주는 아버지. 권혁철 목사님은 바로 그 아버지가 되기로 결심했고, 이 책은 그 결심이 얼마나 아름다운 열매를 맺었는지를 증언합니다.

그런데 권 목사님이 이 책에서 우리에게 보여 주는 것은 단순히 '아버지 역할'의 수행이 아닙니다. 진정한 아버지가 '되어 갔다'는 이야기입니다. 42세에 시작한 신체 활동, 100여 개의 산 등정, 5,000킬로미터의 자전거 타기, 24일간의 국토 종단과 12일간의 국토 횡단 — 이 모든 여정은 아이들의 몸을 단련시킨 것이 아니라, 아버지와 아들 사이의 이야기를 새겨 넣는 시간이었습니다. 그리고 그 이야기들이 아이들의 정체성을 세웠습니다.

'코람데오(Coram Deo)', 즉 하나님 앞에서. 이 정신이 이 책 전체를 관통합니다. 입양은 하나님께서 먼저 우리를 당신의 자녀로 삼으신 그 사랑의 모형(模型)입니다. 권 목사님은 자신이 하나님의 자녀가 된 은혜를 삶으로 번역하여, 세 아들에게 하늘 아버지의 사랑을 먼저 경험할 수 있는 통로가 되었습니다. 아이들은 아버지 안에서 하나님을 배웠고, 아버지는 아이들 안에서 하나님을 만났습니다.

"아버지를 주었더니 아들들이 제게 진짜 아버지를 주었습니다."
책 속 이 한 문장이 오래 마음에 남습니다. 아버지가 된다는 것은 주는 행위이지만, 그 끝에서 받게 되는 것이 얼마나 큰지를 이 책은 조용하고도 단단하게 증언합니다.

저는 입양가족상담교육협회 협회장으로서, 그리고 한 명의 입양 아빠로서 감히 말씀드립니다. 이 책은 입양 가족에게만 필요한 책이 아닙니다. 아버지로 산다는 것이 무엇인지, 하나님의 자녀로 아이를 기른다는 것이 무엇인지 진지하게 묻는 모든 부모에게 이 책을 권합니다.

　부디 많은 분들이 이 책을 읽고, 하나님 아버지를 먼저 가지며, 그 사랑
으로 우리 곁의 아이들에게 참아버지가 되어 주시기를 소망합니다.

㈔입양가족상담교육협회장

양 근율

추천사

이 책은 코람데오 홈스쿨이 하나님, 가족, 이웃(교회, 사회, 나라), 자연(국토 순례, 등산, 자전거 하이킹 등), 그리고 자기 자신과 서서히 관계를 맺어 나가며, 더 깊은 사랑과 인생을 배우고 키우며 자라난 경험과 역사를 파노라마처럼 오롯이 담아낸 이야기이다.

코람데오 홈스쿨을 떠올릴 때마다 철인(권혁철 목사님)과 대인(이대인 사모님)이 만나면, 여기에 하나님의 역사와 연합이 더해진다면?
가끔씩 이런 생각에 빠지게 된다.

권혁철 목사님은 신앙적으로나 신학적으로나, 사상적으로나 사회적으로나, 신체적으로나 실제 삶에서나, 어느 모로 보나 빈틈없고 야무지고 강단 있는 분이다. 어디에도 굴하지 않는 결기와 굴기가 있다. 이렇듯 가정에서나 교회에서나 지역 사회에서나 두루 철인의 면모를 보이신다. 그건 홈스쿨링으로 아이들을 키우는 데서도 역시 마찬가지다.

이대인 사모님은 다소곳하고 수더분하면서도 당차고 배포가 크신 분이다! 세상과 사람을 바라보는 안목이 남달리 깊고 넓다. 사유와 도량의 차원이 한참 높으시다. 자기 삶에서나 가족들과 교회, 그리고 이 사회를 바라보고 보살피는 모습에서 대인의 풍모가 나타난다.

두 분 다 패기와 배짱과 믿음이 남다르다. 어느 누구에게도 휘둘리지 않고 어떤 조류에도 휘말리지 않으며 어떤 바람이 불어와도 휩쓸리지 않는다. 심지가 곧고 굳다. 두 분의 삶에는 고상함과 우아함이 깃들어 있다. 매 순간 일관성과 투철함이 삶의 구석구석에 서려 있다. 곳곳마다 결연함과 용기, 도전과 모험 정신이 배어 있다. 게다가 주님을 향한 사랑과 열정과 헌신은 아무에게도 뒤처지지 않는다.

이런 두 분의 성품과 기질은 가정과 아이들, 주변으로 두루 퍼져 나가고, 여기저기 고스란히 녹아든다. 아이들은 그로부터 배우고 익히고 자란다. 이 얼마나 큰 복인가! 그로 말미암아 하나님께서도 막힘없이 마음껏 일하신다. 이 모두가 조화롭게 합력하여 하나님의 창조 사역에 동참한다. 그러니 금상첨화다. 더 이상 바랄 것이 없을 듯하다!

그런데 여기에 샬롯 메이슨의 교육 철학인 가정 분위기(atmosphere), 훈련(discipline), 삶(life)이라는 견고한 토대까지 갖추고 흔들림 없이 일관된 자세를 견지하며 홈스쿨링으로 아이들을 키워 내셨으니 더 놀랍고 존경스럽다. 이처럼 단단한 토대와 과정을 통해 아이들의 일평생 관계, 습관과 성품, 인격과 운명과 인생을 길어 올리신 것이다. 이로써 아이들이 어디든지 복음을 들고 나아갈 수 있는 믿음의 사람, 하나님과 사람들

앞에서 부끄럽지 않고 흔들리지 않는 견고한 신앙을 갖춘 전인으로 다져지고 있는 것이다.

물론 누구나 코람데오 홈스쿨과 같이 살아 낼 수는 없는 노릇이다. 그럼에도 하나님께서 잠시 맡겨 두신 우리 아이들을 누구나 그러하듯이 그저 가정 바깥의 다른 사람들에게 선뜻 맡기고 위탁하기보다, 우리 아이들에게 아버지와 어머니를 갖게 하는 일은 아주 중요하면서도 누구나 간단하게 할 수 있는 선택이다. 우리 가정에 맞게 하나씩, 조금씩, 천천히, 꾸준히, 믿음으로, 즐거이, 다 함께, 끝까지 하다 보면 길이 보이고 방법을 찾고, 요령과 지혜가 생기고, 근육과 체력을 키우며 자라나기 마련이다.

당연히 그 과정에는 즐거움과 기쁨만 기다리고 있는 것은 아니다. 숱한 고난과 어려움이 기다리고 있을지도 모른다. 코람데오 홈스쿨도 직접 몸으로 낳은 딸 하나 말고 아들 셋은 모두 가슴으로 낳은 아이들이다. 이 아들들을 키우느라 한동안 속 꽤나 썩었고 복장 꽤나 터지고 힘 꽤나 들었다. 고진감래(苦盡甘來)라고 했던가! 이제 그 아이들은 어엿한 청년들로 변모해 가고 있다. 언제 어디서나 한 역할을 제대로 감당하는 든든한 성인으로 자라 가고 있다. 지금까지 아버지와 어머니가 자신들에게 모든 것을 쏟아부어 주셨으니, 이제는 본인들이 부모님에게 모든 사랑과 존경을 아낌없이 드리겠다고 고백하는 아들들! 이 얼마나 흐뭇하고 따뜻하고 감사한 장면이란 말인가!

다른 무엇보다 아이들에게 "아버지를 가지라. 아버지를 누리고 아버지를 배워라"고 말하며, 아이들이 스스로 불굴의 정신을 배우도록 시간과 곁을 내어 주기 위해 지독하게 애를 쓰셨던 부모를 통해 겪었던 모든 경험과 추억들이 어떤 것과도 바꿀 수 없는 소중한 삶의 자양분으로 선명하게 각자에게 아로새겨져 있을 것이다. 각종 악기 연주, 운동과 등산, 자전거 하이킹, 국토 종단과 횡단 등으로 키워 낸 호연지기, 강인한 체력과 정신력, 스스로를 지켜 낼 뿐만 아니라 다른 사람의 생명도 보호할 줄 아는 선량한 마음과 다부진 능력 등 … 이 모든 것들은 아이들이 앞으로 인생을 살아가는 커다란 자산과 자신감, 원동력으로 자리 잡게 될 것이다. 나는 그런 아버지를 가질 수도 없었고, 내가 그런 아버지로 자리매김하지도 못했기에, 이런 아버지를 가질 수 있었던 코람데오 홈스쿨 아이들이 너무나 부럽고 나 자신이 부끄럽기도 하다.

아이들에게 스스로 큰 산이 되어 주신 아버지, 아이들에게 스스로 드넓은 바다가 되어 주신 어머니! 온갖 어려움과 위험과 고난 들을 이겨 내고 용기와 힘을 내서 과감하게 도전하고 돌파해 나갈 수 있도록 든든한 버팀목과 안전한 디딤돌이 되어 주신 부모님, 그런 아버지가 되어 주고, 어머니가 되어 주신 두 분께 이 시대와 세대를 대표하여 깊은 감사와 존경의 마음을 전한다. 이렇게 일관된, 투철한 믿음의 삶을 꾸준히 뚜벅뚜벅 살아오신 두 분과 온 가족의 홈스쿨 이야기가 곧 책으로 출판되어 나온다니 더없이 기쁜 마음으로 일독을 권하며 추천하는 바이다.

원안크로스+, 전국 홈스쿨 네트워크 GPN 대표

임 종 원

여는글

　하나님께서 우리에게 귀한 아들을 주셨습니다. 우리는 그 아들의 대속으로 새 생명을 얻었고, 지금도 성화의 길을 걷고 있습니다. 무엇보다 영광스러운 사실은 우리가 하나님을 아버지로 모시게 되었고, 그 아버지를 누리게 되었다는 것입니다.

　이 복음이 배태되고 출발하는 자리는 교회이기에 교회는 참으로 중요합니다. 그러나 그 복음이 가장 먼저 구체적으로 실행되고 누려지는 자리는 가정입니다. 가정 안에서도 더 좁히면 부부입니다. 성경적 연합을 이룬 부부를 통해 복음은 삶의 형태로 드러나고, 그 연합은 가정의 분위기와 미래까지도 좌우합니다.

　샬롯 메이슨은 교육을 "분위기(atmosphere), 훈련(discipline), 삶(life)"으로 보았습니다. 아이는 말로만 배우지 않고 가정의 공기 속에서 자라며, 반복되는 습관으로 길러지고, 살아 있는 경험을 통해 삶을 배웁니다. 그래서 복음이 교회에서 선포될 뿐 아니라, 가정에서 가장 먼저 살아지는 복음이 될 때 교육은 한 방향으로 정렬됩니다. 그리고 그 정렬의 시작이 부부의 연합이라는 사실은, 교육이 결국 '관계의 질' 위에서 진행된다는 진리를 다시 확인하게 합니다.

이런 면에서 불신과 경쟁을 부추기는 공교육의 폐해 속에서도 기독교적 홈스쿨을 선택한 부부는, 복음이 가정에 미치는 지대한 영향에 눈뜨고 성경적 가정을 세우려 순종하는 사람들입니다.

1950년대 조지 오웰은 『1984』에서 "미래는 국가가 가정의 역할을 대신한다"는 취지로 말했습니다. 전체 사회로 흐를 것을 예언한 것입니다. "우리 아이들 이제 국가가 책임지겠습니다." "청년의 미래, 국가가 주도합니다." 사회복지라는 말로 우리는 이런 구호들을 흔히 마주합니다. 그런데 주의 깊게 생각해 보면, 오히려 소름이 돋습니다. 정말 국가가 가정처럼 따뜻할 수 있을까요? 엄마를 대신할 복지사가 가능할까요? 우리 자녀의 삶을 국가가 책임질 수 있을까요?

국가가 가정의 역할을 대신할 수 있다는 사조는 장 자크 루소의 『에밀』에서 출발한 것으로, 루소는 이렇게 말했습니다. "모든 사람은 국가와의 관계성 속에서 정체성이 만들어진다. 그러므로 모든 사람은 국가가 교육해야 한다." 독자 여러분은 이 말에 동의하십니까?

저는 홈스쿨을 하면서, 제 자신이 아버지가 되어 가고 있다는 사실을 자주 확인합니다. 이름만 아버지인 생물학적 아버지나, 후견인으로서의 아버지가 아니라 자녀들에게 없어서는 안 될 참아버지가 되어 가고 있습니다.

신앙교육과 학습은 아내와 함께 다듬어 가는 일로, 꾸준한 예배와 독서에 주안점을 두었습니다. 모자란 부분은 학습지나 인터넷 강의로 채울 수도 있습니다. 그러나 신체 활동만큼은 전적으로 제 영역이었습니다. 아내가 그 영역에 대해 지침을 내리기도 했지만, 저는 기꺼이 맡았습니다.

그렇다고 아이들의 신체 활동을 위한 구체적인 프로그램과 치밀한 계획이 있었던 것은 아닙니다. 다만 아이들에게 이렇게 말했습니다.

"아버지가 너희에게 이제부터 아버지의 시간을 줄 것이다. 너희에게 아버지를 줄 것이다. 그러니 너희는 아버지를 누리고, 아버지를 배워라."

아이는 인격을 지닌 한 어른이 곁에서 함께 살아 주는 시간을 통해 배우고, 반복되는 습관을 통해 길러지며, 살아 있는 경험 속에서 자기 세계를 확장합니다. 그래서 "아버지의 시간을 주겠다"는 말은 단지 일정의 배분이 아니라, 아이에게 가정의 공기와 습관의 리듬, 그리고 삶의 현장을 건네는 약속이 됩니다.

그래서 저는 업무 외에 남는 시간의 첫 순위를 자녀들에게 두었습니다. 두 살 터울인 세 아들과 함께 일과가 끝나는 매일 오후 4시 이후에는 축구, 배구, 야구, 농구, 탁구를 즐겼습니다. 월요일과 휴일에는 산을 오르기 시작하여 100개 가까운 산을 등정했고, 틈틈이 자전거를 타며 5,000킬로미터 이상을 달렸습니다. 도보로는 24일간의 국토 종단(파주 임진각에서 해남 땅끝까지)과 12일간의 국토 횡단(서해 아산방조제에서 동해 강릉 안목항까지)을 했습니다.

그런데 이 여정은 거기서 끝나지 않았습니다. 같은 교회 안에서 홈스쿨

아버지를 가지라

을 하는 학생들과 함께 국토 종단과 국토 횡단을 한 번씩 더 걸었습니다. 우리 아이들이 그 길을 너무도 좋아했고, 함께하고 싶은 마음이 커서, 아이들이 친구들과 그 부모님들까지 설득해 다시 길 위에 섰기 때문입니다.

샬롯 메이슨은 교육을 개인의 성취 경쟁이 아니라 삶을 함께 살아 내는 배움으로 보았습니다. 아이는 홀로 커지지 않고, 좋은 어른들과 좋은 또래들이 만들어 내는 분위기(atmosphere) 속에서 마음이 세워지며, 함께 지키는 약속과 반복되는 루틴 속에서 훈련(discipline)을 배웁니다. 더 나아가 길 위의 고단함과 기쁨을 함께 통과하며, 서로를 살피고 기다려 주는 과정에서 교육은 '지식 전달'을 넘어 삶(life) 그 자체가 됩니다. 그래서 그 두 번의 추가 여정은, 우리 아이들에게만 의미 있는 이벤트가 아니라 교회 공동체 안에서 자라는 홈스쿨 가정들이 서로의 아이를 함께 길러 내는 연대의 교육이었습니다.

그리고 2025년 연말에는 세종시에서 부산까지 걸어 내려가며, 아이들은 마침내 팔도의 동맥을 모두 걸어 본 자녀들이 되었습니다.
무엇보다 이 연대는, 교회가 말로만 교육을 논하는 곳이 아니라 복음을 삶으로 번역해 아이들에게 건네는 자리가 될 수 있음을 보여 주었습니다.

혹시 이런 질문을 던지고 싶을지도 모릅니다.
"그게 가능합니까? 힘들지 않습니까?"
예, 힘은 들지만 충분히 해 볼 만합니다. 아이들과의 신체 활동은 제가 아버지 나이 42살부터 시작했습니다. 상당히 늦은 나이였을 것입니다.

그런데 한 걸음씩 하다 보니 길이 열렸습니다.

샬롯 메이슨은 아이를 세우는 힘으로 '억지 의지'만을 강조하지 않았습니다. 대신 작은 약속을 지키는 반복 속에서 습관(habit)이 형성되고, 그 습관이 인격을 붙들어 준다고 보았습니다. 여기서 말하는 훈련(discipline)은 아이를 눌러 찍는 강압이 아니라, 아이가 자기 삶을 책임 있게 살아가도록 돕는 자유를 위한 질서입니다.

저 또한 거창한 결심으로 버틴 것이 아니라, "매일 같은 시간에 나가자", "비가 와도 할 수 있는 만큼은 하자", "끝까지 가기보다 끝까지 함께하자" 같은 작은 원칙들을 지키며 걸어왔습니다. 그리고 이 원칙은 명령이 아니라 함께 합의한 약속이었습니다. 그런 반복이 쌓이니 체력도 붙고 요령도 붙었습니다.

그래서 이제 57살이 되었어도, 아이들과 길 위에 서는 일이 여전히 가능합니다. 무엇보다 이 시간은 아이들의 몸만 단련시키는 것이 아니라, 우리 가정의 리듬을 만들고 아이들의 마음에 인내와 절제, 서로를 기다리는 사랑을 심어 주었습니다. 그리고 그 열매는 시간이 지나며 더 분명해졌습니다.

저는 이제 아버지가 어떤 존재인지 알게 되었습니다. 아버지를 주었더니 아들들이 제게 진짜 아버지를 주었기 때문입니다.

오히려 이제는 이 모든 활동을 제가 즐깁니다. 우리 아들들에게 준 시간이 도리어 더 풍성한 행복으로 제게 돌아오고 있습니다.

자, 파란만장했던 우리 아들들과의 신체 활동으로 들어가 볼까요.

아버지를 가지라

1장.

코람데오 홈스쿨

1.
홈스쿨을 시작하게 된 배경

결혼과 함께 입양을 꿈꾼 부부

1999년 10월 23일, 이 시대의 세례요한을 꿈꾸는 신랑 권혁철과, 돕는 배필로 붙여 주신 신부 이대인이 하나님과 사람 앞에서 결혼하여 가정을 이루었습니다. 결혼 전 저희 부부는 많은 대화를 나누던 중, 자녀 계획에 대해 "하나나 둘만 낳고, 되도록 많이 가슴으로 낳자"라고 말하며 입양에 대한 마음을 함께 품었습니다.

결혼 후 이듬해 딸 권하영을 출산하게 되었고, 양육의 기쁨을 만끽하기도 전에 하나님의 급작스러운 부르심 가운데 2003년 3월 30일 허름한 상가 2층에서 은빛교회를 개척하여 오늘의 송탄장로교회에 이르게 되었습니다. 개척과 동시에 중풍병자이신 어머니까지 모시게 되었습니다. 결혼과 개척이라는 삶은 실로 폭풍과도 같았습니다. 그러나 살아 계신 하나님을 붙들었고, 그분이 허락하신 삶의 과정마다 순종으로 납작 엎드렸습니다. 그러는 동안 힘겨웠던 연단의 시간이 지나고, 하나님의 은혜와 복이 쏟아지기 시작했습니다. 그중 가장 큰 복은 바로 세 명의 아들이었습니다. 2010년에 권유신(오직 믿음으로)을, 2014년에 권유민(기름 부은 백성)과 권유하(흐르는 물처럼 은혜를 열방에)를 아들로 주셨습니다. 결혼 전에 우리 부부가 품었던 소원을 하나님께서 잊지 않으시고, 그분의 때에 그분의 방법으로 우리 가정에 풍성히 허락해 주셨습니다.

큰아들 유신이는 신생아 때 우리 가정에 왔습니다. 첫 만남부터 양육의 모든 과정이 경이롭고 행복했습니다. 출산이 하나님께서 주신 대로 낳기만 하는 것처럼, 입양도 똑같았습니다. 성별도 생김새도 선택하지 않고 하나님께서 입양기관을 통해 우리 가정에 주시는 아이 그대로 "낳았기" 때문입니다.

유신이를 통해 입양의 천국을 경험한 반면, 우여곡절 끝에 동시입양하게 된 유민이는 세 살에, 유하는 여섯 달에 우리 가정에 왔는데 너무도 힘든 시간들을 보냈습니다. 생모로부터의 분리와 거절감에 따른 충격, 그리고 오랜 시간 영아원에 있었기에 저희 부부와 애착과 대상관계가 충분히 이루어지지 않았기 때문입니다.

샬롯 메이슨은 교육을 교과의 문제가 아니라 "분위기(atmosphere), 훈련(discipline), 삶(life)"이라고 말했습니다. 아이의 마음과 인격은 무엇보다 가정의 공기 속에서 빚어지고, 그 공기가 안전과 신뢰를 회복할 때 아이는 비로소 세상과 관계 맺을 힘을 얻습니다. 그러므로 우리에게 홈스쿨은 먼저 '공부 방식'이 아니라, 아이들이 다시 사람을 믿고 사랑을

아버지를 가지라

배우도록 돕는 가정의 재건이었습니다. 그때부터 교육은 이미 시작되고 있었습니다.

홈스쿨을 꿈꾸다

저희는 일찍부터 홈스쿨에 대한 꿈을 가지고 있었습니다. 그러나 큰딸의 어린 시절, 교회 개척으로 분주하여 시간을 놓치고 말았습니다. 이 점이 우리 딸에게 가장 미안했습니다. 참으로 미숙한 아버지였습니다. 아들들과 홈스쿨을 하면서, 딸과 함께 충분한 시간을 주지 못했음을 더 분명히 알게 되었기 때문입니다. 그래서 늦게라도 한 달에 한 번씩 데이트하며 함께 책을 읽고, 읽은 책을 나누며 시간을 만회하고자 애를 썼습니다. 감사하게도 큰딸은 스무 살 이후 경제적으로 자립한 상태로 대학 공부를 시작했고, 이제 대학원을 졸업하고 건실한 사회 활동을 하며 부모의 사역을 돕고 동생들에게도 풍성한 사랑을 나누어 주고 있습니다. 부모의 부족한 교육에도 불구하고, 딸을 통해 역사해 주신 하나님의 은혜에 한없이 감사를 드립니다.

교회도 경제적으로 안정될 만큼 성장하고, 아들 셋을 입양하면서 미루어 두었던 홈스쿨에 대한 꿈이 구체화되기 시작했습니다.

메이슨이 말한 '분위기'가 회복되면, 그다음은 '훈련'의 자리로 자연스럽게 옮겨 갑니다. 여기서 훈련(discipline)은 아이를 몰아붙이는 강압이 아니라, 아이가 삶을 견딜 수 있도록 세워 주는 자유를 위한 질서입니다. 그래서 홈스쿨의 출발은 거창한 커리큘럼이 아니라, 우리가 매일 지킬 수 있는 작은 약속들을 정하고 함께 살아 내는 일이었습니다. 그리고 그 약속을 지켜 낼 수 있도록 하나님께서는 공동체를 통해 길을 예비해 두셨습니다.

어설픈 홈스쿨을 시작하다

부모도 감당하기 어려울 만큼 힘든 아이들을 유치원이나 학교에 맡긴다면, 정상적인 애착과 대상관계가 형성되기 어려울 것이었습니다. 좋은 교육은커녕, 도리어 아이들의 내면과 인성은 더 파괴될 것이 분명했습니다. 그래서 더 이상 미룰 수 없이 홈스쿨을 시작할 수밖에 없었습니다.

아버지를 가지라

메이슨이 말한 교육의 세 번째 축은 '삶(life)'입니다. 아이는 책상 위에서만 배우지 않고, 하루의 리듬과 관계, 몸으로 통과하는 경험 속에서 배웁니다. 그래서 우리가 선택한 홈스쿨은 단지 집에서 공부하는 방식이 아니라, 아이들이 살아갈 힘을 얻도록 삶 전체를 교육의 장으로 회복하는 일이었습니다. 그 길을 혼자 가는 것이 아니라, 하나님께서 먼저 홈스쿨 가정들을 붙여 주셔서 함께 걸어가게 하셨다는 사실은 우리에게 큰 위로이자 확신이었습니다.

돌이켜 보면 하나님께서 저희 부부가 주저하거나 핑계 댈 수 없도록 홈스쿨의 길로 저희를 몰아붙이셨고, 동시에 앞서 일하셨습니다. 저희보다 먼저 홈스쿨을 하고 있던 가정들이 먼 곳에서부터 저희 교회까지 찾아와 홈스쿨 코업을 함께하게 되었고, 그 가정들 사이에서 저희도 자연스럽게 홈스쿨을 시작하게 되었습니다.

앞서서 행하시는 하나님

어설픈 홈스쿨로 2년 정도의 시간이 지나며 여러 시행착오에 봉착할 무렵, 우리 부부는 임종원 선생님을 만나게 되었습니다. 그리고 우리 교회에서 진행한 '홈스쿨 여행캠프'를 통해 성경적인 홈스쿨의 원안이 무엇인지 알게 되면서부터, 우리 가정의 홈스쿨에 이름을 붙이게 되었습니다.

그때 우리 부부의 마음에는 한 말씀이 깊이 새겨졌습니다. "마지막 때에 믿음을 보겠느냐." 우리는 믿음의 풍성한 삶, 믿음의 역사가 풍성한 가정을 꿈꾸었습니다. 자녀들을 믿음의 사람으로 양육하여 대대로 신앙의 가문을 전수하고, 영적 부흥을 일으켜 하나님의 뜻을 이루고 싶었습니다.

그래서 우리는 영적으로 깨어 바르게 분별하고, 이 시대를 향한 하나님의 말씀에 집중하며, 순종과 헌신의 삶을 살기 원했습니다. 그러한 바람과 하나님의 이끄심 속에서, 저희 가정은 '하나님 앞에서(신전의식)', 곧 코람데오 홈스쿨이라 명하게 되었습니다.

아버지를 가지라

2.
코람데오 홈스쿨의 정신

코람데오, 곧 "하나님 앞에서"라는 고백은 우리 가정의 신앙 표어이기 전에, 자녀를 기르는 방식의 방향이었습니다. 우리는 교육을 '지식 전달'로만 이해하지 않으려 했습니다. 샬롯 메이슨이 말한 것처럼 교육은 분위기(atmosphere), 훈련(discipline), 삶(life)으로 이루어지기 때문입니다. 하나님 앞에서 사는 가정은 집 안의 공기 속에서 믿음이 숨 쉬게 하고(분위기), 작은 순종을 반복하는 습관으로 아이를 세우며(훈련), 매일의 삶 한복판에서 진리를 살게 합니다(삶). 그래서 코람데오 홈스쿨의 정신은 결국, 신앙을 '말'로 가르치기 전에 삶으로 먼저 살아 내는 일이었습니다.

이제부터의 기록은 특별한 가정만 할 수 있는 거창한 프로그램이 아닙니다. 오히려 우리 가정이 실제로 붙들었던 세 가지 기둥 ― 가정의 공기(분위기), 반복되는 약속(훈련), 길 위의 경험(삶) ― 을 따라가며, 하나님께서 어떻게 우리 아이들을 빚어 가셨는지 증언하는 이야기입니다.

교육은 전인격적인 삶에서

　저는 일찍 신학에 입문하여 20대 초부터 교회의 중심에서 많은 아이들을 신앙으로 교육하며 한 가지 사실을 자주 목격했습니다. 해가 갈수록 아이들이 삭막해져 가는 것이었습니다. 공허한 눈빛, 생기를 잃은 얼굴, 예배 자리에 앉아 있어도 예배하지 않는 아이들이 점점 더 많아졌습니다.

　무너지는 공교육 현장은 더욱 참담했습니다. 미션스쿨에 들어가 예배와 수업을 인도할 일이 많았는데, 아이들 대부분은 책상에 엎드려 자고 있었습니다. "수업 시간에 엎드려 꿈꾸는 친구는 미래가 없지만, 눈을 열고 꿈꾸는 친구는 미래가 있다"라고 외쳐도, 시간이 갈수록 아이들은 꿈쩍도 하지 않았습니다.

　계속 터지는 학교 폭력, 교사들의 일탈, 교권의 추락 속에 공교육 현장은 정글처럼 변해 갔습니다. 그때부터 우리 아이들을 학교에 온전히 맡길 수 없다는 생각이 들기 시작했습니다. 더 마음 아픈 사실은, 문제를 겪는 아이들 뒤에는 언제나 문제 가정이 있었다는 점입니다. 부모의 이혼과 폭력과 방임으로 사랑과 따뜻함, 지지와 격려를 받지 못한 아이들은 비행으로 기울기 쉬웠습니다.

　교육 현장에서 가정의 중요성에 눈을 뜨면서, 홈스쿨의 필요성은 더욱 확고해졌습니다. 그러면서 저는 교육이 단지 지식을 전수하고 졸업 자격을 얻는 일이 아니라, 부모와 함께 시간을 깊이 보내는 전인격적인 교감 속에서 이루어지는 배움의 과정임을 더 분명히 알게 되었습니다.

바른 교육을 꿈꾸다

강산이 세 번 바뀐다는 30여 년의 목양 동안, 제 마음에 변하지 않고 남아 있던 질문이 하나 있습니다. "성경은 신화인가요? 학교 선생님이 신화래요." 학교에서는 언제나 불신 세계관과 신앙 세계관이 부딪힙니다. 아이들이 스스로 질문하고 성찰할 틈을 갖기도 전에, 불신의 세계관을 '진실'인 양 받아들이기 쉽습니다.

이런 현실 속에서 저는 한 가지 확신에 이르게 되었습니다. 사람은 부모와의 관계 속에서 정체성이 형성되어야 하고, 교육도 국가 교육에 앞서 부모 교육이 먼저 세워져야 한다는 사실입니다. 자녀가 부모와의 소통과 교감을 통해 건강한 사회성을 갖출 때, 더 큰 사회 속에서의 사회성도 건강하게 확장될 수 있습니다.

이 사회구조적 모순 앞에서 저희 부부도 성경적인 '원안 교육'을 바라며 홈스쿨의 길로 들어서게 되었습니다. 정보도 지식도 부족한 채 시작한 일이었기에 시행착오가 많았고, 지금도 여전히 부족합니다. 그럼에도 하나님의 이끄심을 믿으며 하루하루 걸어가고 있습니다. 그런데 놀라운 사실은, 홈스쿨을 통해 우리 가정 안에 행복이 머물고 자녀들이 기대 이상으로 자라며, 부모 또한 성장하는 복을 누리고 있다는 점입니다.

위대한 스승을 많이 만나게 해 주고 싶다

독서는 단순한 '지식 습득'을 위한 책 읽기가 아닙니다. 독서는 저자와의 만남입니다. 시공간을 뛰어넘어 위대한 스승을 만나는 장(場)이 바로 독서라고 믿습니다. 책 속의 스승들은 까칠하지 않습니다. 내가 원하는 시간에, 내가 만나기를 원하는 만큼, 내가 배우려는 노력만큼 기꺼이 만남을 허락하고 가르침과 용기를 줍니다.

"헤로도토스의 『역사』를 알아요." "빅토르 위고의 『레미제라블』을 알고 있습니다."

그러나 '안다'고 말할 뿐, 실제로 원전을 읽은 사람을 찾기란 쉽지 않았습니다. 읽었다고 해도 대부분은 간추린 내용이었습니다. 표제와 저자 이름을 외우고 단편적인 몇 마디를 숙지하는 것으로 우열을 가려내는 공부 속에서는, 인생의 스승을 단 한 사람도 제대로 만나기 어렵습니다. 그래서 요즘 아이들의 생각이 빈곤해지기 쉽습니다.

저는 우리 아이들에게 책을 충분히 읽히고 싶었습니다. 그러기 위해서는 '여건'이 필요했습니다. 경쟁에 내몰리지 않으면서도 차분한 가운데 많은 시간을 들여, 책 속에서 인류의 정신사를 빛낸 위대한 스승들을 만나게 해 줄 길이 필요했습니다. 그 길이 저희에게는 홈스쿨이었습니다.

샬롯 메이슨은 이런 책을 '살아 있는 책(living books)'이라 불렀습니다. 지식을 요약본으로 주입하기보다, 살아 있는 언어와 사상을 품은 책을 통해 아이가 저자와 직접 만나는 것을 교육의 중심에 두었습니다. 그리고 그 만남은 읽고 끝나는 것이 아니라, 아이가 자기 말로 다시 말해 보는 '내레이션(narration)'을 통해 자기 것이 됩니다. 그래서 우리 가정의 독서는 '공부를 잘하기 위한 독서'가 아니라, 아이의 마음과 생각을 자라게 하는 인생 스승과의 동행이 되기를 바랐습니다.

충분히 사랑할 수 있다

저는 유복자입니다. 이 땅에 태어나 보니 아버지는 이미 이 세상 사람이 아니었습니다. 집은 지독히도 가난했습니다. 어머니는 저를 출산하신 지 5일 만에 생선 장사를 나가야만 했고, 그때부터 저는 어머니의 젖을 먹지 못한 채 누나들 손에서 젖동냥으로 유아 시절을 보내야 했습니다. 몸도 매우 허약했습니다.

그 약함을 보충하려고 어린 시절부터 운동에 전념하다 보니, 오히려 장성한 이후에는 남들보다 좋은 체력을 가질 수 있게 되었습니다. 그러나 건강한 신체를 가꾸었음에도 제 내면에는 결핍이 있었습니다. 당당하게 행동하는 것처럼 보였지만, 그것은 자신감 없는 마음의 허약함을 가리기 위한 위장술이었습니다. 남들이 알지 못하는 슬픔이 제 안에 있었습니다.

신앙 안에서도 '아버지'를 경험하지 못했기에, 하나님을 아버지라 부르는 자리까지 얼마나 힘들고 긴 과정을 지나야 했는지 모릅니다. 그래서 저는 입양한 우리 아들들의 마음을 더 깊이 들여다보게 됩니다. 분리감과

거절된 자아상으로 유아 시절을 힘겹게 보낸 아이들에게는 일반 가정에서는 보기 어려운 기행적인 행동들이 나타나기도 했습니다. 너무나 당혹스러웠습니다.

그러나 '유아 심리'에 대해 알고 난 이후, 우리 부부는 아이들에게 충분한 보상을 해 주기로 마음먹었습니다. 아내의 배로 낳았다면 뱃속에서부터 시작되었을 교감과, 출산 이후 애틋했을 시간들을 이제라도 다시 시작하는 것이었습니다. 넘치는 사랑을 주고 충분한 관심을 기울이며, 우리 아들들에게 아버지와 어머니를 주기로 결단했습니다. 그리고 그 결단에 딱 들어맞는 환경이 바로 홈스쿨이었습니다.

우리에게 홈스쿨은 학습의 대안인 동시에, 아이들이 충분히 사랑받고 '관계의 질서' 안에서 다시 자라나도록 돕는 회복의 자리였습니다. 그 자리에서 교육은 비로소 삶(life)으로 이어졌습니다.

여기까지가 '코람데오 홈스쿨'이 어떤 정신 위에 서 있는지에 대한 고백이라면, 이제부터는 그 고백이 우리 가정의 하루와 일주일, 그리고 길 위의 경험 속에서 어떻게 살아졌는지를 기록하려 합니다. 교육은 말이 아니라 삶이기 때문입니다. 이제 코람데오 홈스쿨의 실제로 들어가 보겠습니다.

2장.

코람데오 홈스쿨의
실제

저학년 시절에는 충분히 놀면서 다양한 활동을 하게 했습니다. 그 대신 신앙 교육과 독서, 예체능에 시간의 우선순위를 두었습니다. 학과 공부는 고학년이 되는 4학년부터 할 수 있도록 했고, 이 또한 강요하지 않기로 했습니다. 넓은 울타리 안에서 자녀가 안심하고 기지개를 펼 수 있도록 돕고 싶었습니다.

1.
신앙 교육

신앙 교육은 예배와 말씀이라는 두 가지 큰 틀을 세웠습니다. 이 부분 만큼은 가정의 중심을 잡는 일이라 생각했기에, 원칙을 분명히 하고 꾸준히 적용했습니다.

예배

예배 교육은 교회의 모든 예배에 참석하는 것으로 기본을 세웠습니다. 아이들이 어리기에 다소 무리이기는 했지만, 부모가 목사와 사모라는 특수한 상황에서 선택을 미룰 수는 없었습니다. 다만 예배가 아이들에게 지루함이나 정신적 억압으로 남지 않도록, 가정에서는 '정해진 형식의 가정 예배 시간'을 따로 강요하지 않았습니다.

매 예배 시간 젖먹이 막내는 무릎에 올리고, 세 살과 다섯 살 아들은 양 옆에 끼고 예배하던 아내의 모습은 지금도 애처롭습니다. 그렇게 주일학교 부서 예배는 물론 주일예배, 주일 오후예배, 수요예배, 금요예배에 이르기까지 예배 생활의 습관을 차근차근 잡아 갔습니다.

일곱 살이 되던 어느 날, 큰아들이 스스로 맨 앞자리에 홀로 앉아 예배를 드리기 시작했습니다. 곧게 앉아 찬송하고 말씀을 듣는 모습에 온 성도들이 신기해했습니다. 그때부터 유신이는 지금까지 맨 앞자리에서 모범적인 예배 자세를 유지하고 있습니다. 둘째와 셋째는 여전히 산만하지만, 그래도 모든 예배에 성실히 참여하며 예배 생활의 기본기를 잡아 가고 있습니다.

현재는 세 아이 모두 오케스트라에서 바이올린과 첼로로 주일 2부 예배를 섬기고 오후에는 일렉기타와 드럼으로 섬기며, 예배 시간에는 혼자 앉아 예배를 드립니다. 우리의 바람은 아이들이 하나님을 뜨겁게 경험하며 예배의 기쁨을 마음껏 누리는 자리로 나아가는 것입니다. 감사하게도 세 아이 모두 교회 가는 것을 매우 좋아하고 손꼽아 기다립니다.

샬롯 메이슨이 말한 '분위기(atmosphere)'는 결국 아이가 매일 마시는 공기입니다. 예배는 그 공기를 '하나님 앞에서'로 정렬해 주는 중심이며, 강압이 아니라 반복되는 신실함 속에서 아이의 마음이 예배의 기쁨을 알아 가게 합니다.

말씀

말씀 교육은 주로 아침에 이루어집니다. 매일 아침 기상과 동시에 침구

정리와 세면을 마치면, 곧바로 성경 3장을 읽습니다. 그리고 노트에 읽은 내용을 기록하고, 그중에서 요절을 골라 암송합니다. 마지막으로 저희 부모 중 한 사람 앞에 와서 읽은 내용을 말하게 합니다.

성경 읽기는 아이들이 한글을 모르던 때부터 시작했습니다. 저희 부부가 성경을 읽는 시간에 아이들은 그림 성경이나 만화 성경을 뒤적이게 했고, 자연스럽게 한글을 읽게 된 5~7세 무렵부터 성경 읽기가 본격화되었습니다.

꾸준한 습관의 힘으로, 12살 유하는 성경 5독을 마쳤고 비슷한 시기에 한글을 읽기 시작한 유신이와 유민이는 8독을 마쳤습니다. 이 외에도 엄마와 아빠가 시간이 날 때마다 함께 성경을 읽는데, 아이들이 매우 좋아합니다.

샬롯 메이슨은 아이가 배운 것을 자기 것으로 만드는 길로 내레이션(narration)을 강조했습니다. 읽고 끝내는 것이 아니라, 아이가 자기 말로 다시 말해 볼 때 이해가 깊어지고 마음에 남습니다. 그래서 우리 가정의 '말씀 훈련'은 단순한 분량 채우기가 아니라, 말씀을 읽고(만남), 기록하고(정리), 암송하고(새김), 말로 고백하게 하는(내레이션) 과정이 되기를 바랐습니다. 그 과정 속에서 말씀은 지식이 아니라 삶을 세우는 힘이 되어 갔습니다.

이제는 더 이상 성경 읽기나 쓰는 부분에 있어서 부모의 간섭은 없습니다. 아이들의 선택과 자유에 의해서 이루어지고 있습니다.

2.

독서 교육

코람데오 홈스쿨 부모의 독서 철학

한글을 읽힘과 무관하게 책을 읽어 주는 부모가 되다

저는 홈스쿨의 최고의 장점 가운데 하나가 '풍부한 독서'라고 생각합니다. 많은 부모가 어린 시절 자녀를 품에 안고 책을 읽어 줍니다. 생업에 바쁜 아버지들조차 퇴근 후 그림책 한두 권을 읽어 주는 것은 흔한 풍경입니다.

그런데도 아이들이 책 읽는 습관이 잘 형성되지 않거나, 책을 싫어하게 되는 이유가 있습니다. 대개의 부모는 한글을 읽기 전까지는 화려한 그림책만 읽어 주다가, 한글을 뗀 후에는 "이제 혼자 읽어라" 하며 손을 놓습니다. 그리고는 계속 "책 읽어라"라고 종용합니다. 저는 이것이 큰 착오라고 생각합니다.

저는 글자를 읽는 것과 글을 이해하는 것은 다른 사안으로 봅니다. 글자를 읽는 것은 비교적 쉽지만, 글을 이해한다는 것은 어렵습니다. 아이들이 처음 글자를 읽을 때는, 글자를 '그림처럼' 따라 읽는 것에 가깝습니다. 그래서 아이가 혼자 책을 읽을 수 있게 되는 바로 그때가 가장 중요합니다. 책 속의 글자를 '글'로 읽고, '이야기'로 이해할 때까지는 부모가 곁에서 지도해 주어야 합니다. 글을 통해 의미를 보고, 글 속에서 흥미가 생기도록 부모의 세심한 도움이 필요합니다.

바로 이때, 그림책이 아니라 글자가 많은 책을 부모가 읽어 주어야 합니다. 일방적으로 낭독하는 방식이 아니라, 아이가 이해하지 못하는 단어를 질문하도록 돕고, 그 질문을 받아 주면서 글의 재미와 의미를 알아 가게 해야 합니다. 그런데 많은 부모가 바로 이 중요한 순간에 더 이상 아이에게 무릎과 품을 내어 주지 않습니다. 이런 상황에서 특별히 뛰어난 아이가 아니고서는, 스스로 글을 깨우치고 독서의 재미에 빠지기는 쉽지 않습니다.

샬롯 메이슨은 아이가 '살아 있는 생각'을 만나도록 살아 있는 책(living books)을 강조했습니다. 요약과 문제풀이로 지식을 쪼개기보다, 좋은 책을 통해 저자와 직접 만나게 하는 것입니다. 그리고 그 만남이 자기 것이 되려면, 읽고 끝내지 않고 아이가 자기 말로 다시 말하는 내레이션(narration)이 필요합니다. 그래서 우리 가정의 책 읽어 주기는 단순한 '낭독 이벤트'가 아니라, 아이가 의미를 붙잡고 생각을 키우는 대화의 자리가 되기를 바랐습니다.

그림책을 읽어 주지 않는다

그림으로만 보아도 충분히 재미있고 쉽게 이해할 수 있는 어린이 그림책을, 굳이 부모가 읽어 줄 필요가 있을까요? 만화책을 읽어 주는 부모는 왜 없을까요? 아이들 프로그램이 나오는 텔레비전을 켜 놓고, 일일이 설명해 주는 부모가 없는 것과 같습니다. 그 자체로 충분히 이해할 수 있기 때문입니다.

만약 아이가 이미 아는 것을 부모가 열심히 읽어 주고 설명해 준다면, 아이는 금방 실증을 낼 수 있습니다. 그런데 많은 부모가 그림책만 열심히 읽어 주고, 정작 부모의 지도가 필요한 책은 읽어 주지 못해 사랑하는 자녀에게 독서의 유익과 재미를 맛보게 하지 못합니다.

코람데오 홈스쿨 부모의 독서 지도

그림책은 혼자 읽는 책이다

저희 아들들은 유아 시절 그림책을 주로 혼자 보았습니다. 그러다가 글자에 관심이 생기면 부모에게 묻는 방식으로 한글을 익히게 했습니다. 결국 그림책은 '한글을 읽히기 위한 초보 교재'로 사용한 셈입니다.

저는 아이들이 한글을 알기도 전부터 '어른 책'을 읽어 주었습니다. 여기서 말하는 어른 책이란, 축약본이 아닌 원전 그대로를 뜻합니다. 우리 아이들이 부모의 책 읽어 주기에 쉽게 동화될 수 있었던 이유 가운데 하나는, 집에 텔레비전이 없었기 때문일 것입니다. 볼거리가 없는 아이들은 부모가 읽어 주는 시간을 참 좋아했습니다.

샬롯 메이슨은 아이들에게 '살아 있는 생각'을 주기 위해 살아 있는 책(living books)을 강조했습니다. 요약과 단문 지식이 아니라, 저자의 숨결이 살아 있는 문장을 통해 아이가 직접 만나게 하는 것입니다. 그리고 그 만남을 자기 것으로 붙잡는 방식이 바로 내레이션(narration), 곧 "읽은 것을 자기 말로 다시 말하기"입니다. 그래서 우리 집의 '읽어 주기'는 낭독으로 끝나지 않고, 다음 날 밥상머리 대화로 이어지며 아이들의 생각을 키우는 통로가 되었습니다.

맨 처음 '초원의 집'을 읽어 주다

처음 읽어 준 책은 9권 시리즈로 된 로라 잉걸스의 『초원의 집』이었습니다. 매일 저녁 잠자리에서 30분 전후로 읽어 주었는데, 전권을 읽는 데 2년이 걸렸습니다. 아이들이 너무 재미있어했고, 저 역시 그 내용에 푹 빠졌습니다. 서부 개척 시대 속에서 경건한 한 가정의 가장이 역경을 헤쳐 나가는 이야기는, 오늘을 사는 아버지들의 이야기로 제 가슴에 먹먹한 감동을 남겼습니다.

고난과 위기를 지나온 뒤 로라의 부모가 딸들에게 건네는 말, "끝이 좋으면 다 좋은 거야"는 우리 아이들의 어록이 되어 형제끼리 서로를 격려할 때 사용하고 있습니다.

나니아 연대기와 천로역정을 읽어 주다

이어서『나니아 연대기』를 읽어 주었고,『천로역정』이 그 뒤를 이었습니다. 모두 원전 번역 그대로를 읽어 주었습니다. 지루해하는 아이는 한 사람도 없었습니다. 다음 날 밥상머리에서 전날 읽은 내용을 나누는 시간에는, 아이들이 신바람이 나 있을 정도였습니다.

다만『맹자』나『논어』,『소학』을 읽어 줄 때는 아이들이 일찍 잠들곤 했습니다. 역시 아이들이 지금 당장 붙잡을 수 있는 것은 '이야기'였고, 철학서는 쉽지 않았습니다. 그래서 제 몸 상태와 아이들의 반응에 따라, 이야기 중심의 책과 고전 텍스트를 교차하며 읽어 주었습니다.

아버지와 아들들의 운명을 바꿀 책을 만나다

책을 읽어 가던 중 박지원의『열하일기』는 단어가 고어로 되어 있어 일일이 설명하기가 힘들어 잠시 중단하고, 좀 더 가벼운 책을 읽어 주었습니다. 그런데 그 책이 우리 아들들과 제 삶의 방향을 바꿔 놓았습니다. 배낭 하나 메고 전 세계를 누비며 쓴 한비야 씨의『바람의 딸』시리즈 4권과『바람의 딸, 우리 땅에 서다』(국토 도보 여행기)를 읽으면서, 아이들이 큰 영감을 받았기 때문입니다. 그 결과 "아버지와 아들이 함께 도전하는 국토 종단과 횡단"으로까지 이어지게 되었습니다.

책 읽어 주기는 아이들이 출가하기 전까지 계속될 것이다

잠자기 전 책 읽어 주기는 지금도 계속 진행 중입니다. 첫 책이 가장 인상적이었는지 아이들이 『초원의 집』을 다시 읽어 달라고 해서, 현재는 3권 『플럼 시냇가』 편을 읽어 주고 있습니다. 그것도 잠자리에서만이 아니라, 시간이 날 때마다 수시로 읽어 줍니다. 아버지의 책 읽어 주기는 아마도 아들들이 제 곁을 떠나기까지 계속될 즐거운 일이 될 것 같습니다. 제가 재미있고, 제가 행복하기 때문입니다.

아들들, 드디어 책 읽는 재미에 빠지며 스스로 공부하다

책 속 내용에 흥미를 느낀 삼 형제는 제가 읽어 준 책들을 스스로 찾아 모두 읽었습니다. 지금도 많은 시간을 독서로 보냅니다. 아이들이 책 속에서 시공간을 초월해 수많은 위인들을 만나며 생각이 커지고 지식이 채워지는 모습을 보는 일은 큰 보람입니다.

밥상머리에서 묻다

전날 잠자리에서 읽은 책은 다음 날 밥상머리에서 자연스럽게 꺼냅니다.

질문은 시험이 아니라 대화의 불씨로 던집니다. 정답을 요구하지 않습니다.

저는 보통 이 세 가지 중 하나만 묻습니다.

"어제 이야기에서 가장 기억나는 장면이 뭐였지?"

"그 사람이 그렇게 한 이유가 뭐라고 생각해?"

"그 장면을 우리 집으로 가져오면, 우리는 어떻게 했을까?"

아이가 말하기 싫어하면 강요하지 않습니다. 대신 "그럼 아빠가 먼저 말해 볼게" 하고 부모가 짧게 내레이션을 보여 줍니다.

말이 짧아도 충분합니다. 길게 말하게 하는 것보다, 자꾸 말하게 하는 것이 더 중요합니다.

내레이션은 '공부'가 아니라 '관계'입니다. 아이가 말하는 동안에는 평가 하지 말고 끝까지 들어 줍니다.

아버지를 가지라

3.
예체능 교육

예술 활동 ― 악기 배움

살아가면서 악기 하나 정도는 연주할 줄 알아야 인생의 즐거움을 더 깊이 누릴 수 있다는 말이 있습니다. 57년을 살아온 제 삶을 돌아보면, 악기는 제게 큰 위로였습니다. 10대 후반 독학으로 배운 포크기타와 20대에 학원을 통해 정식으로 익힌 색소폰은 교회 사역에 유익을 주었고, 사람들과 어울릴 수 있는 통로가 되어 주었습니다. 이런 이유로 저는 자녀들에게도 악기 하나 정도는 기본으로 가르쳐 보고 싶었습니다. 더구나 아내가 대학에서 첼로를 전공했기에, 우리 가정에서 악기 연주는 결코 가볍게 지나칠 수 없는 영역이었습니다.

예술은 '있으면 좋은 옵션'이 아니라, 아이의 내면을 풍성하게 하는 삶의 양식입니다. 우리 가정의 악기 교육도 실력 경쟁이 목적이 아니라, 하나님이 주신 감각과 정서를 바르게 사용하고, 아름다움을 누릴 줄 아는 사람으로 자라게 하는 길이 되기를 바랐습니다.

큰딸이 피아노를 배우다

아내의 레슨으로 시작된 하영이의 피아노는 초등학교 때부터 교회 성가대 반주로 섬기더니, 결국 대학과 대학원에서까지 피아노를 전공하고 현재는 전문반주자로 활동하고 있습니다. '악기 하나 정도 가르쳐 보자'던 마음이, 아이의 진로로까지 이어질 줄은 미처 몰랐습니다.

둘째 유신이 첼로를 배우다

유신이는 7살에 첼로를 시작했습니다. 특별한 재능이 두드러진 아이는 아니었지만, 성실한 연습으로 부족함을 메워 갔습니다. 정해진 연습 시간이 아니더라도 자유시간에 틈틈이 연습하며, 조기 전공반 아이들 못지않게 빠르게 성장했습니다. 지도 선생님들이 전공을 권할 만큼이었지만, 저희 부부는 어떤 길로도 아이를 제한하고 싶지 않았습니다. 아직은 성장하는 단계이기에 더 많은 경험을 하게 하고, 진로는 결국 본인이 선택해야 할 숙제로 남겨 두었습니다. 지금은 드럼을 배워서 교회 찬양팀에서 실력 있는 연주자로 섬기고 있습니다.

셋째 유민이는 바이올린에 두각을 나타내다

유민이는 절대 음감을 지니고 있고, 한 번 들으면 그대로 연주할 정도의 타고난 음악적 자질이 있었습니다. 바이올린을 잡은 첫날부터 팔과 어깨의 힘을 빼고 부드럽게 활을 다루며 곧바로 두각을 나타냈습니다. 몇

만 원짜리 악기에서 흘러나오는 선율에도 선생님들이 감탄할 정도였습니다. 보육원 생활이 길어 자존감이 낮았던 유민이에게 바이올린은 자존감을 높여 주는 통로가 되었고 내친김에 일렉기타까지 마스터해서 교회 찬양팀을 섬기고 있습니다.

막둥이 유하도 바이올린을 배우다

ADHD와 경계성 특성이 있는 유하는 감정 기복이 심하고 폭력적 성향을 그대로 표출하곤 했습니다. 기분 내키는 대로 행동하고 자기 잘못을 인정하지 않으려는 모습 때문에 형들과 충돌이 잦았고, 부모도 인내심의 바닥을 마주할 때가 많았습니다. 그런데 유하가 점점 악기에 관심을 보이며 바이올린을 배우겠다고 했고, 7살부터 시작하게 되었습니다. 물론 집중과 성실이 필요한 악기인 만큼 "못 한다, 안 한다"는 변덕도 부렸습니다. 그럼에도 습관의 힘이 나쁜 성향을 이겨 내었습니다. 진도는 더디더라도 매일 오전 형들이 하는 1시간 연습 시간을 꼬박 채워 나가더니, 어느새 찬송가를 연주하기 시작했습니다. 그날 우리 부부는 칭찬을 아끼지 않았고, 밤에는 작은 파티로 격려해 주었습니다. 그렇게 유하의 실력도 늘어 갔고, 드디어 교회 오케스트라에도 들어갈 수 있게 되었고 청소년 센터에서 드럼을 배우며 찬양팀을 섬길 준비를 하고 있습니다.

훈련(discipline)은 아이를 억누르는 강압이 아니라, 아이가 자기 삶을 책임 있게 살아가도록 돕는 자유를 위한 질서입니다. 작은 연습을 꾸준히 반복하는 습관은 아이의 손가락만이 아니라, 마음의 방향을 세워 줍니다.

코람데오 홈스쿨 음악 가족이 되다

자녀들이 각자의 악기를 배우기 시작하면서, 우리 가정은 어느새 '음악 가족'이 되어 갔습니다. 집 안에서 자연스럽게 합주가 이루어졌고, 악기를 중심으로 대화가 생기고 웃음이 늘어났습니다. 무엇보다 좋았던 것은, 악기가 형제들의 관계를 한 단계 성숙하게 만들어 주었다는 점입니다. 한 사람만 잘해서 되는 일이 아니니 서로의 리듬을 기다려 주어야 했고, 맞추기 위해 양보해야 했으며, 함께 완성하기 위해 서로를 격려해야 했습니다.

교육의 '분위기(atmosphere)'는 잘하느냐 못 하느냐보다 "함께하자"는 공기가 가정을 채울 때, 아이들은 경쟁이 아니라 협력의 언어를 배웁니다. 그리고 반복 연습 속에서 '훈련(discipline)'이 자리 잡되, 그것은 강압이 아니라 공동의 기쁨을 위한 자유의 질서가 됩니다.

아들들의 협주

아버지를 가지라

아들들, 공연을 다니다

아이들이 악기를 배우며 실력이 자라자, 어느 순간부터는 '배움'이 '섬 김'으로 이어지기 시작했습니다. 교회와 지역에서 작은 연주 요청이 생겼 고, 그럴 때마다 아이들은 "우리가 할 수 있을까?" 하면서도 기꺼이 악기 를 들었습니다. 특히 요양원 같은 곳에서 연주할 때는, 아이들이 음악이 단지 멋을 내는 도구가 아니라 사람의 마음을 위로하고 세워 줄 수 있다 는 사실을 몸으로 배웠습니다.

공연이 반복될수록 아이들은 무대에 서는 기술보다 더 중요한 것을 익 혔습니다. 준비하는 책임감, 약속을 지키는 성실함, 실수해도 끝까지 마 치는 담대함, 그리고 누군가를 위해 자신을 내어 주는 기쁨이었습니다. 이런 경험은 학습지나 문제집이 줄 수 없는 배움이었습니다. 음악이 우리 아이들의 인격을 부드럽게 다듬고, 마음의 폭을 넓혀 주는 통로가 되어 주었습니다.

예기치 못한 기쁨까지 누리다

처음부터 '공연'이나 '봉사'를 목표로 시작한 것은 아니었습니다. 그저 악기 하나쯤은 배우며 삶의 즐거움을 누리면 좋겠다는 마음이었고, 아이 들의 내면이 풍성해지기를 바라는 기도였습니다. 그런데 하나님께서는 우리가 예상하지 못했던 기쁨을 덧붙여 주셨습니다. 음악이 아이들의 재 능을 드러내는 일에 그치지 않고, 상처와 결핍을 지나온 마음을 세우며,

형제 관계를 회복시키고, 공동체 안에서 섬김의 자리로 인도해 주셨기 때문입니다.

'삶(life)'의 교육은 결국 이런 열매로 드러납니다. 배움이 삶과 분리되지 않을 때, 아이들은 지식을 소유하는 사람이 아니라 선물을 흘려보내는 사람으로 자라납니다. 우리 가정의 예체능 교육이 바라본 끝은 실력의 증명이 아니라, 하나님 앞에서 받은 것을 이웃에게 기쁨으로 나누는 삶이었습니다.

4.
신체 활동

신체 활동은 반드시 시간 사용의 원칙이 있어야 한다

제 사역은 새벽기도회 준비를 하는 새벽 4시부터 시작되고, 낮이고 밤이고 제한이 없습니다. 공예배는 물론 성도들의 필요에 따라 때와 시를 가리지 않고 예배하고 신방하며 바쁘게 살았습니다. 이런 삶의 구조에서는 정해진 시간과 날이 없으면, 아이들의 신체 활동을 챙기겠다는 마음이 그저 좋은 명분으로만 남기 쉽습니다.

그래서 저는 먼저 성도님들께 양해를 구했습니다. 성경적인 홈스쿨에 대해 이해를 구하고, 장례나 결혼식 같은 급한 일이 아니라면 월요일과 휴일은 자녀를 위해 사용할 수 있도록 협조를 요청했습니다. 또한 제 일과가 오전 4시부터 시작되니, 오후 4시에 사역을 마치는 것을 원칙으로 삼겠다고 말씀드렸습니다. 그래도 하루 12시간을 일하는 셈이었기에, 성도님들 역시 불평 없이 함께해 주셨습니다.

이 원칙이 세워지자 아이들은 오후 4시만을 기다렸습니다. 집에서 악기와 책을 읽으며 엄마의 울타리 안에 있던 남자아이들에게 운동장은 해방구였습니다. 그리고 월요일은 손꼽아 기다리는 '소풍날'이 되었습니다. 김밥을 싸 가지고 아버지와 함께 산과 들판으로 나가는 날이었기 때문입니다.

교육은 아이를 밀어붙이는 강압이 아니라, 아이가 삶을 책임 있게 살아가도록 돕는 자유를 위한 질서입니다. '시간의 원칙'은 바로 그 질서였습니다. 가정의 리듬이 세워지면 아이는 마음 놓고 뛰며(삶), 반복 속에서 자기를 다스리는 힘을 배우고(훈련), 그 모든 경험은 가정의 공기를 건강하게 만들었습니다(분위기).

무작정 집 밖으로 나가기

시간의 원칙이 세워지고 나서, 가장 큰 계획은 하나였습니다. 무작정 집 밖으로 나가는 것. 걸음마를 시작하는 아이들과는 놀이터로, 조금 더 크면 운동장으로, 더 크면 산과 들로 나아갔습니다. 거창한 프로그램보다 중요한 것은 '밖으로 나가는 습관'이었고, 그 습관이 쌓이면서 우리 가족에게 맞는 신체 활동이 자연스럽게 자리를 잡아 갔습니다.

신체 활동은 전인격적 활동이다

시간의 원칙이 세워지고 나서는, 무작정 집 밖으로 나가는 일이 가장

아버지를 가지라

큰 계획이 되었습니다. 비가 억수같이 쏟아지는 날 같은 특별한 경우를 제외하고는, 웬만하면 무조건 나갔습니다. 저는 원래 계획적인 사람이어서 처음에는 "무엇을 어떻게 해야 하지?"를 많이 고민했습니다. 그런데 그것 자체가 제 섣부른 생각이었습니다. 일단 나가기만 하면, 아이들의 신체 활동은 저절로 이루어졌습니다.

저희 아이들은 34개월에 우리 집에 온 유민이만 제외하고, 모두 돌이 지나 걸음마를 시작할 무렵부터 밖으로 데리고 나갔습니다. 보통은 걸음마를 떼면 방이나 거실에서 보내는 시간이 많지만, 저는 바로 놀이터로 향했습니다. 그리고 아이가 흥미를 보이는 놀이를 스스로 하게 두고, 저는 옆에서 보조해 주거나 함께 놀아 주었습니다.

아이들마다 좋아하는 놀이도 달랐습니다. 하영이는 그네를 좋아했고, 유신이는 공놀이를 좋아했습니다. 유민이는 모래놀이를 좋아했고, 유하는 미끄럼틀을 가장 좋아했습니다. 결국 제가 하는 신체 활동이라는 것은 겨우 그네를 밀어 주고, 공을 주워다 다시 던져 주고, 모래를 털어 주고, 미끄럼틀 아래에서 받아 주는 일이 전부였습니다. 특별한 기술이 필요한 활동도 아니었습니다.

그래서 처음에는 오히려 무료하게 느껴지기도 했습니다.

그런데 시간이 지나며 깨달았습니다. 신체 활동의 관건은 기술이 아니라 아버지의 인내라는 것을 말입니다. 특별한 기술 없이도, 아이의 신체 활동을 위해 아버지가 일주일에 5~6일 정도 동네 놀이터에서 최소 1시간 30분에서 3시간을 함께 보내려면, 보통 인내가 필요한 것이 아니었습니다. 하루이틀도 아니고, 1년 가까이 오후 4시만 되면 어김없이 놀이터에 나가 아이와 놀아 주는 아빠를 생각해 보십시오.

더구나 그것은 '아내 등살에 떠밀려' 놀이터에 나와 아이는 혼자 놀게 두고, 자신은 벤치에 앉아 스마트폰을 켜 놓고 시간을 때우는 방관이 아니었습니다. 아이와 함께 웃고 떠들고 장난치며, 아이의 속도에 맞추어 기다려 주는 일이었습니다. 솔직히 쉽지 않은 일이었습니다.

그러나 지나고 보니, 바로 그때 아이들은 아버지의 인내와 희생 속에서 아버지의 마음을 알아 가고 있었습니다. 그리고 그 시간이 쌓이면서, 우리 가정의 신체 활동은 단순한 '놀이터 시간'이 아니라 아이들의 마음을 세우는 '관계의 시간'이 되어 갔습니다.

교육의 시작은 '교재'가 아니라 분위기(atmosphere)입니다. 놀이터에서 반복된 아버지의 동행은 아이들에게 "나는 안전하다, 나는 사랑받는다"는 공기를 심어 주었고, 그 공기 위에서 아이는 스스로 움직이고 자라나는 힘을 얻습니다. 또한 매일 같은 시간에 나가 함께 시간을 지킨다는 사실은 강압이 아니라 자유를 위한 질서(discipline)가 되어, 아이의 몸과 마음에 '좋은 습관'이라는 토대를 놓아 주었습니다.

놀이터에서 엄마들의 부러움과 아빠들의 미움으로 갈등하다

두 살 터울의 아들이 셋이다 보니, 아파트 한 놀이터에서만 5년 가까운 시간을 보냈습니다.

아버지를 가지라

겨울철에는 놀이터가 텅 비어 있기에 아무리 추워도 밖에 나가는 우리 가족은 마음껏 놀 수 있었습니다. 그러나 날이 따뜻해지는 봄부터 초가을까지는 많은 아이들과 엄마들이 쏟아져 나와, 놀이터에 자리가 없을 정도로 북적였습니다. 그럼에도 우리 아들들과 저는 '터줏대감'이었기에 이런 북적임 속에서도 씩씩하게 놀았습니다.

이러한 우리를 아파트 단지에서 모르는 사람이 없었습니다.

저는 직업적 성격상 적극적으로 말을 붙이다 보니, 놀이터에 나오는 아이들과 엄마들과도 스스럼없이 이야기할 수 있게 되었습니다. 놀이터에 나오는 유아들과 저학년 아이들의 보호자는, 어쩌다 나오는 아빠를 제외하면 거의 엄마들이었습니다. 할머니·할아버지가 동행하는 경우보다도 아빠가 나오는 경우가 더 적다고 느꼈습니다.

엄마들의 말이 이러했습니다.

"어떻게 그렇게 아이들과 재미있게 놀아 줄 수 있습니까?"

그래서 저는 대략 이런 이야기를 해 주곤 했습니다.

"이 아이들에게 지금 제일 필요한 것은 돈이 아닙니다. 성공이 아닙니다. 학업 성취도 아닙니다. 지금 아이들에게 제일 필요한 것은 부모입니다. 부모의 관심과 지지가 필요합니다. 그러려면 시간을 주어야 합니다. 시간을 주지 않고는 절대 자녀에게 필요한 것을 채워 줄 수 없습니다.

저는 우리 아들들을 소유하거나 조정하려는 것이 아닙니다. 우리 아들들을 사나이로 키워 건강하게 독립시켜 주기 위해, 지금 아이들에게 배움을 주고 있습니다.

지금 어린이집에도 여자 선생님, 유치원도 여자 선생님, 도심지 학교의 초등 교원들 역시 여자들이 대부분이기에 남자아이들이 여성화되고 있습니다. 남성과 여성의 차별은 없어야겠지만, 분명한 것은 구별이 있지 않습니까? 여성은 부드러움을 모티브로 가지고 있는 게 사실이고, 남자는 강인함을 모티브로 가지고 있지 않습니까? 한 가정을 건강하게 책임질 가장은 사나이다워야 합니다. 저는 그 교육을 위해 첫 단추로, 아이들과 소통하고 교감하고자 놀이터를 학교로 정한 것입니다.”

이런 식으로 제 교육철학을 들려주었고, 때로는 구체적인 지침도 나누어 주었습니다. 거의 모든 엄마들은 제 말을 경청하며 부러워했습니다. 나중에 어떤 엄마는 “애들 엄마가 없는 줄 알았다”며 오해했다고 사과하는 해프닝도 있었습니다. 놀이터에 엄마가 잘 나오지 않으니, 당연히 그런 오해가 생길 수도 있었던 것입니다.

그런데 놀이터에서 동네 엄마들과 교분이 가까워지면서, 뜻하지 않는 문제가 생겼습니다. 저로 인하여 부부싸움이 나는 가정들이 많아진 것입니다.

“저 아빠 좀 보라고. 저렇게 자녀 교육을 위해 아이들과 시간을 보내는데 당신은 뭐냐? 집에도 늦게 들어오고, 일찍 오는 날에는 피곤하다고 소파에 누워 있고… 당신 저분 좀 봐. 머리가 저렇게 허연데도 저 늦둥이들 데리고 노는 거 안 보이냐? 아이고 이 화상아!”

저를 향한 엄마들의 부러움이, 아빠들을 향한 화살로 날아가 버린 것입니다. 어느 날부터 놀이터에 아버지들이 자꾸 늘어났습니다. 그래서 단체로 좋은 아빠 되기로 회심했나 싶었는데, 나중에 알고 보니 아내의 잔소리와 핀잔이 무서워 어쩔 수 없이 밖으로 쫓겨 나온 것이었습니다. 그들이 저를 얼마나 미워했을까요?

아이들이 커서 놀이터를 탈피했기에 다행이지, 더 오랜 시간을 놀이터에 있었다면 본의 아니게 남의 가정 파탄을 내는 나쁜 사람이 될 수도 있었겠다 싶었습니다.

아버지의 성실한 인내와 여러 해프닝 속에 제 아들들은 무럭무럭 자라났습니다. 그리고 더 이상 놀이터에 흥미를 두지 않고, 드넓은 운동장으로 눈길이 옮겨져 갔습니다. 드디어 놀이터를 졸업하는 날이 온 것입니다.

놀이터를 졸업하다

아버지의 성실한 인내와 여러 해프닝 속에서 아이들은 무럭무럭 자라났습니다. 어느 날부터는 놀이터에 더 이상 흥미를 두지 않고, 더 넓은 공간을 찾기 시작했습니다. 드디어 놀이터를 '졸업'할 때가 온 것입니다.

놀이터에 있다고 늘 놀이기구만 한 것은 아니었습니다. 놀이기구에 지루해지면 탈 수 있도록 네발자전거를 준비했고, 소프트한 축구공도 챙겨 공놀이를 했습니다. 그렇게 놀다 보니 아이들은 점점 더 큰 공간을 원했고, 신체 발달도 눈에 띄게 빨라졌습니다.

아이들이 '필요에 의해' 선택하게 하다

아이들이 더 넓은 공간을 원하기 시작할 때, 저는 억지로 무엇을 시키기보다 아이들이 스스로 "하고 싶다"는 마음이 생기도록 환경만 갖추어 주고 지지와 격려를 보태려 했습니다. 그렇게 하다 보니 아이들은 네 살 무렵이면 모두 보조 바퀴를 떼고 두발자전거를 탈 수 있게 되었습니다. 공에도 자연스럽게 친숙해져 여러 구기 운동을 시작할 수 있는 토대가 마련되었습니다.

병원에서 영유아 발달 검사를 받던 날, 네 살 유민이가 두발자전거를 탄다고 말하자 의사 선생님이 깜짝 놀라며 몇 번이나 되물으셨습니다. 보통 네 살이면 보조 바퀴를 단 자전거를 겨우 시작할 때라는 것입니다. 그때 저는 확신하게 되었습니다. 환경이 갖추어지고 지지와 격려만 있다면, 아이는 어른들의 생각을 넘어 더 빠르게 더 단단하게 자랄 수 있다는 것을 말입니다.

운동장으로 무대가 바뀌다

아이들이 넓은 공간을 원하자 신체 활동의 무대는 자연스럽게 운동장으로 옮겨 갔습니다. 운동장은 아이들에게 '더 큰 놀이터'였고, 아버지에게는 아이들과 함께 뛰며 호흡을 맞추는 또 하나의 학교였습니다. 오후 4시가 되면 아이들은 운동장에 나가는 그 시간을 기다렸습니다.

아버지를 가지라

자전거, 함께 타는 삶이 되다

아이들이 자전거에 흥미를 느낄 즈음, 저는 제 자전거 앞뒤에 어린이용 안장을 장착하고 네 부자가 동네 산책을 다니기 시작했습니다. 유신이를 앞에 태우고 유민이는 뒤에 태우고, 막내 유하는 제 등에 멘 캐리어에 앉혔습니다. 네 부자가 함께 자전거를 타고 지나가면 동네의 명물이 되어 청소년들이 사진을 찍느라 바빠질 정도였습니다.

이렇게 자전거를 타기 시작하자, 종종 날을 정해 간식거리를 챙기고 조금 더 멀리 나가기도 했습니다. 평택의 넓은 들판과 황금빛 논은 아이들의 눈에 신비로웠고, 즐거움이 커질수록 신체 활동의 선택 범위도 함께 넓어졌습니다.

운동은 보고 느끼는 것에서 시작한다

우리 가족의 신체 활동 영역이 놀이터를 지나 운동장으로 옮겨 가면서, 저는 아이들에게 여러 스포츠 경기를 보여 주기 시작했습니다. 집에 텔레비전이 없었기에 컴퓨터 모니터로 축구, 배구, 야구, 농구, 탁구 경기 영상을 틀어 주었습니다. 그중에서도 아이들이 스포츠의 쾌감을 간접적으로 맛볼 수 있도록, 드라마틱한 장면이 모인 하이라이트를 주로 보여 주었습니다. 이유는 단순했습니다. "재미를 먼저 알아야 몸이 움직인다"는 것을 믿었기 때문입니다.

영상만 보여 준 것은 아닙니다. 자전거에 아이들을 태우고 유소년 팀 훈련장과 조기축구회 회원들이 시합하는 운동장을 찾아다니며, 역동적인 축구 경기를 직접 보게 했습니다. 주말에는 농구장과 야구장을 찾아가기도 했고, 매주 화요일에는 제가 20년 이상 활동해 온 배구 클럽에도 데리고 갔습니다.

이렇게 '보여 주는 일'을 먼저 한 이유가 있습니다. 아버지가 일일이 설명하며 구기 종목을 가르치는 것은 매우 비효율적이라고 여겼기 때문입니다. 반대로, 아이가 직접 보고 듣고 느끼며 마음에서부터 "나도 해 보고 싶다"는 열의가 올라오기만 하면, 아이들은 어른이 생각하는 것보다 훨씬 빠르게 배우고 더 잘해 낼 것이라 믿었습니다.

이 '보여 주는 선행 학습'은 아이들 안에 잠자던 스포츠 본능을 깨워 냈습니다.

드디어 축구를 시작하다

제일 먼저 시작한 것은 축구였습니다. 아마도 인류의 시작은 '발길질'이 아닌가 싶습니다. 엄마 뱃속에서 힘찬 발길질로 존재감을 드러내서인지, 세 아이 모두 축구에 가장 먼저 흥미를 느꼈습니다.

유신이 6살, 유민이 4살, 유하가 2살에 운동장에 나가다 보니 연령 차이로 공에 대한 반응 속도와 공을 다루는 능력에는 현격한 차이가 있었습니다. 축구의 기본은 서로 공을 주고받는 패스입니다. 그것만 해도 아이들은 신이 납니다. 못해도 칭찬해 주고, 잘하면 더 칭찬해 주는 것이 아이들을 더 신나게 했습니다.

유신이는 제법 공을 잘 다루었지만, 유하는 자기 코앞에 있는 공밖에는 차지 못했습니다. 그 덕분에 저는 더 열심히 '볼보이' 노릇을 해야 했습니다. 그러는 동안 아이들은 깔깔대며 웃고 재미있어 하며 신체를 발달시켜 나갔습니다.

우리는 매일 경기를 했습니다. 유신이와 유민이가 한 팀이 되고, 가장 어린 유하와 제가 한 팀이 되어 작은 경기장을 만들어 시합을 했습니다. 경기는 언제나 아슬아슬했습니다. '거인 아버지'가 마음대로 경기를 지배할 수 있었기 때문입니다. 그래서 저는 아이들에게 골을 넣게도 해 주어 성취감을 주고, 반대로 조금은 막아 보며 약간의 좌절감도 경험하게 했습니다. 약간의 좌절이야말로 자신의 감정을 조절하는 데 필수적인 요소라고 생각했기 때문입니다.

본 것이 있다 보니, 아이들이 골에 성공하면 월드컵에서 골을 넣은 것처럼 좋아라 하며 멋진 세리머니를 했습니다. 그중에서도 유신이의 '어퍼컷 세리머니'는 원조보다 더 멋졌습니다.

시합의 교육적 유익은 감정 조절에만 있지 않았습니다. 규칙을 지키는 법, 함께 움직이며 협동하는 법을 자연스럽게 배울 수 있었습니다. 아이들이 자라나는 과정에서 단체 스포츠만큼 실감 나게 '세상 사는 법'을 가르쳐 주는 교재가 또 있을까 싶습니다.

야구를 알아 가다

야구는 먼저 글러브를 준비하는 것이 선결입니다. 비싼 글러브를 살 필요가 없습니다. 가급적이면 중고를 사는 것이 좋고, 더 좋은 방법은 다른 집에서 더 이상 쓰지 않는 것을 얻어 쓰는 것입니다. 새 글러브는 딱

아버지를 가지라

딱하고 뻑뻑하여, 고사리 같은 아이들 손에 끼워 주면 조절이 잘되지 않아 금방 싫증을 내기 쉽습니다. 반면 헌 글러브는 부드럽게 움직일 수 있습니다.

결혼 전에 조카들과 함께 살 때 이런 단점을 이미 경험한 터라, 미리 주변에 부탁해 글러브를 하나씩 모아 두었습니다. 쓰레기 분리배출하는 날 버려진 글러브를 주워 오기도 했습니다. 이렇게 관심을 갖고 준비하다 보니 버려지는 배트까지도 쉽게 얻을 수 있었습니다.

야구의 기본은 캐치볼입니다. 두 사람이 던지며 주고받는 것입니다. 그런데 실제 해 보면 캐치볼이 잘되지 않습니다. 고사리 같은 작은 손에 끼워진 큼직한 글러브를 조절할 능력이 아직 없기 때문입니다. 그래서 저는 아이들을 일렬로 세우고 10미터 앞에서 공을 바닥으로 굴려 주었습니다. 아이가 글러브를 땅에 대기만 하면 공이 저절로 들어오게 한 것입니다. 애써 잡으려 하지 않아도 '캐치'가 되도록 만든 셈입니다. 이것이 아이들에게 재미있는 놀이가 되었고, 그렇게 흥미가 붙었습니다. 이런 방식으로 1~2년 정도 지나면 손가락에 힘이 붙고 조절 능력이 생기면서, 비로소 캐치볼이 이루어져 가기 시작했습니다.

축구는 운동장에 나가기만 하면 바로 시작할 수 있었지만, 야구는 습득시키는 데 시간이 오래 걸렸습니다. 유신이가 6살이 되었을 때 글러브를 쥐어 주었는데, 공을 자유자재로 잡을 수 있게 된 것은 9살 무렵이 되어서였습니다. 유민이는 8살에 '제대로 캐치'가 되었고, 유하는 10살이 되어서야 제대로 할 수 있었습니다.

다행히 배트를 휘두르는 일은 운동신경과 상관없이 처음부터 아이들에게 쾌감을 줄 수 있었습니다. 처음에는 골프를 치듯 공을 땅에 놓고 휘두르게 했고, 조금 지나서는 제가 아이들 속도에 맞추어 옆에서 던져 주면서 감각을 익히게 해 주었습니다. 아이들은 그렇게 야구를 알아 가기 시작했습니다.

그래서 야구는 처음부터 시합을 할 수 없었고, 유신이가 11살 되던 해부터 비로소 '게임'이 가능해졌습니다. 한 명은 투수 겸 내야수, 한 명은 외야수로 수비를 보고, 공격은 1루까지 진출했다가 홈까지 들어오는 것으로 2인 경기를 했습니다. 축구 시합 이상으로 재미난 경기를 즐길 수 있었습니다.

이렇게 게임 감각을 익힌 후에는 동네 또래 친구들이나 중고생들을 모아 함께 여러 번 시합을 했습니다. 형들이라 할지라도 야구를 정식으로 접해 본 적이 없기에 마음만 앞서고 실수도 연발합니다. 반면 저의 아들들은 배팅과 캐치를 기가 막히게 잘합니다. 친구들과 형들에게 조언과 지도를 하며 게임을 이끌어 가는 아들들을 보고 있노라면 마음이 뿌듯해집니다. "우리 아들들이 많이 컸구나" 하는 생각이 절로 듭니다.

농구를 배우다

농구는 비교적 배우기 쉬운 편이지만, 시간을 오래 가져야 합니다. 농구는 공을 다루는 드리블, 패스, 슛이 기본 바탕이기에, 어린아이들이 처음 할 수 있는 것은 사실상 드리블 정도였습니다. 그런데 자기 상체만큼 큰 공을 가지고 바닥에 튀기는 드리블 훈련만 계속하면 금방 지루해합니다.

그래서 저는 '바가지 슛' 훈련을 섞었습니다.

공은 무겁고 골대는 높기에 아이들 힘으로는 정상적인 슛을 던질 수 없습니다. 그래서 머리 위에서 던지는 슛이 아니라, 두 손으로 공을 잡고 무릎 근처에서부터 힘껏 위로 던지는 것이 '바가지 슛'입니다. 우리 아이들은 모두 6살 무렵부터 바가지 슛을 구사하여 짜릿한 '골 맛'을 보기 시작했습니다.

이러는 동안 아이들의 체격이 자라났고, 유신이 10살 때부터는 제대로 된 슛 자세와 패스, 트릭 플레이까지 가르쳐 주었습니다. 유신이는 무서울 정도로 실력이 향상되어 초등학교 3학년 무렵부터 중고생들과 시합을 했습니다. 지금은 유민이까지 슈터가 되었습니다.

배구를 배우다

배구는 제가 시 대표 선수 생활을 오래 하며 아마추어 배구 클럽에 속해 있기에, 아이들이 아주 어릴 때부터 체육관에 데리고 다니며 심판을 보게 했습니다. 그러다 보니 세 아이 모두 배구 규칙은 웬만한 체육 선생님만큼 알게 되었습니다.

배구의 기본은 리시브이고, 이것이 게임 전에 하는 가장 중요한 연습입니다. 아버지와 함께 리시브 연습을 많이 했기에 세 아들 모두 어른들과 어울려 시합을 즐기고 있습니다.

배드민턴과 탁구도 익히다

배드민턴 역시 아이들 모두 7살 무렵부터 치기 시작했고, 이제는 형제끼리 샷을 주고받으며 시간을 보낼 정도가 되었습니다. 아파트 단지 내에 탁구장이 구비되어 있기에 비 오는 날이면 운동장 대신 탁구장으로 나가다 보니, 자연스럽게 탁구도 가르칠 수 있었습니다.

홈스쿨의 장점을 최대한 살리다 보니, 탁구장은 거의 우리 개인 탁구장처럼 사용할 수 있게 되었고 아이들 실력도 일취월장했습니다. 큰아들 유

아버지를 가지라

신이는 초등학교 2학년 때 교회의 중고등학생들을 모두 이기는 기염을 토할 정도로 실력이 탁월했습니다.

아쉬움이 있다면 코로나로 인해 실내 운동이 제한되면서 탁구장이 폐쇄되어, 유민이와 유하에게는 제대로 된 탁구 교습을 해 주지 못한 점입니다.

아이들이 보고 느끼며 시작한 구기 활동은, 반복 속에서 습관이 되고(훈련), 규칙과 협동 속에서 인격을 빚으며(삶), 가정의 공기를 건강하게 만들었습니다(분위기). 그래서 구기 운동은 체육 수업이 아니라, 우리 아이들에게 삶을 가르치는 하나의 교과가 되었습니다.

텃세를 이기다

체육 활동을 하는 데 생각지 못한 문제가 생겼습니다. 체육 활동 장소가 학교 운동장이다 보니, 수업 시간과 맞물리지는 않지만 방과 후에도 남아 노는 학교 아이들과 섞여야 했습니다. 대부분의 아이들은 방과 후 곧바로 학원에 가기에 운동장에 남아 있는 아이들이라야 5~6명 정도였습니다. 축구나 야구는 운동장을 넓게 써야 하니 안전사고의 가능성도 있었고, 그래서 더 조심해야 했습니다. 우리 아이들에게도 주의를 주었고, 가끔은 학교 아이들에게도 조심하자고 말했습니다.

그런데 이것을 고깝게 여기고 선생님께 고해바친 아이가 있었는지, 어느 날 한 선생님이 운동장은 학교 아이들을 위한 공간이라며 우리 아이들이 있을 때는 사용하지 말라고 엄포를 놓았습니다. 매우 당황스럽고 기분도 상했지만, 저는 이렇게 말씀드렸습니다.

"우리 아이들도 이 운동장을 사용할 권리가 있습니다. 우리 아이들이 바로 이 학교에서 정원 외 관리를 받고 있지 않습니까? 정규 수업 시간에 운동장을 사용하는 것도 아니고, 방과 후에 사용하는 것인데 그것마저 못하게 한다면 교육청에 문의해 보겠다"

"학교 운동장은 수업 시간에는 학교 것이지만, 일과 후에는 주민의 것이기도 합니다. 저기 보십시오. 할머니들도 산책 나오시지 않았습니까? 만약 우리만 못 하게 한다면 교육청은 물론, 청와대 게시판에도 올려 보겠습니다. 학교 밖 아이들에 대한 배려와 관심이 이루어져야 할 학교에서 이렇게 해도 되는지, 제가 대통령께 한번 물어보겠습니다…." 그렇게 말하자 선생님은 순간 사색이 되셨고, 당신의 생각이 짧았다고 하시며 사과하셨습니다.

이렇게 일단락되는가 싶었습니다. 그런데 어느 날 제 귀가 시간이 늦어 아이들만 운동장에 먼저 내보냈다가 나가 보니, 우리 아이들과 텃세를 부리는 아이들 사이에 격한 논쟁이 벌어지고 있었습니다. "여기 우리 학교야. 너네 나가!"

절대 부당함에 지기 싫어하는 유신이의 대답은 이러했습니다. "우리도 이 운동장 쓸 권리 있어. 우리도 이 학교 정원 외 관리를 받는 이 학교 소속이야. 우리도 3개월에 한 번씩 교무실에 오거든. 누나들 계속 이러지 마! 못 믿겠으면 교장 선생님에게 물어봐."

두 살이 많은 누나들은 유신이의 딱 부러지는 일침에 꼼짝도 못 하고 물러나고 말았습니다. 당돌해 보이지만 유신이는 매우 속 깊고 상냥한 아들입니다. 그 이후 운동장은 당당히 우리 차지가 되었습니다.

이 작은 사건은 우리 아이들에게 '힘으로 이기는 법'이 아니라, 정당한 근거 위에 서서 말하는 법, 그리고 규칙과 권리를 분별하는 법을 삶으로 가르쳐 주었습니다. 결국 운동장은 몸을 단련하는 곳이기도 했지만, 아이들의 인격이 자라는 교실이기도 했습니다.

할머니 안녕하세요

우리가 사용하는 초등학교 운동장은 자연 부락에 있기에, 우리가 나가는 시간이면 연세 드신 어르신들이 여러 명 나오셔서 운동장 가장자리를 돌며 운동하십니다. 여기에서도 제 인사성과 사교성이 발휘되어 어르신들과 가깝게 지내게 되었는데, 아버지와 아들들이 매일같이 나와 함께 운동하는 모습이 보기에 너무 좋다고 하십니다.

우리 아이들도 아버지 하는 것을 보고 자라서인지 어르신들께 깍듯이 인사를 합니다. 대부분 귀가 어두워 잘 듣지 못하시기에, 우리 아들들의 인사 소리는 운동장이 떠나갈 듯 목청이 좋습니다.

"안녕하세요, 할머니! 안녕하세요, 할아버지!"

그 인사가 어르신들께 기분 좋게 들렸는지, 우리 아이들에게 용돈도 주시고 사탕도 자주 주셨습니다. 우리 아이들이 국토 종단이나 다른 일로 운동장에 못 나가면 허전하시기까지 하다며 살갑게 여겨 주시는 것에 감사했습니다.

그래서 우리 아이들도 교회에서 떡을 나누고 남는 것이 있으면 항상 어르신들 몫으로 챙겨 두었다가 가져다드렸습니다. 여름철에는 수시로 아이스크림 파티에 할머니들을 모시는 것도 놓치지 않았습니다.

이렇다 보니 어르신들께서도 자신들의 밭에서 키운 것들을 자주 주시게 되었고, 운동하러 갔다가 채소나 과일을 한 보따리씩 가져오는 날이 많아졌습니다. 이렇게 아버지와 아들들은 신체 활동을 통해 사람 사는 맛까지 알아 가는 복을 누리고 있습니다.

신체 활동으로 얻어진 것

신체 활동을 꾸준히 하다 보니, 비만이나 허약한 체질과는 상관없는 튼튼한 몸을 갖게 되어 잔병치레 없이 잘 크고 있습니다. 근육도 고르게 발달하여 어떤 운동이든 즐길 수 있게 되었습니다.

또한 일찍이 다양한 경기를 경험하면서, 규율을 지켜야 한다는 사실과 함께 힘을 모아야 한다는 사실을 몸으로 체득했습니다. 승패로 인한 기쁨과, 때로는 적절한 '절망감'(좌절감)을 경험하며 내면도 더 단단해졌습니다.

넘어지면 벌떡 일어날 수 있게 되었고, 문제에 직면하면 스스로 풀어 나갈 수 있는 담대함도 갖게 되었습니다. 사람을 규합하고, 자신을 지지해 줄 사람을 얻는 것에 대해서도 눈을 떠 가고 있습니다. 우리 아이들은 분명 사나이가 되어 가고 있습니다.

신체 활동은 아이의 몸을 단련하는 동시에, 규칙을 지키고 감정을 다스리며 함께 살아가는 법을 익히게 하는 삶(life)의 교실이었습니다. 그래서 이 시간들은 운동 시간이면서, 인격을 세우는 시간이었습니다.

등산

더 멀리 더 높이 더 크게

놀이터에서 운동장으로 신체 활동의 무대가 넓어진 것처럼, 등산 역시 그랬습니다. 오후 4시에 놀이터와 운동장에서 수년 동안 기초 체력을 다져 놓은 우리 아들들에게 등산은 더 큰 놀이터이자 더 넓은 운동장에 불과했습니다.

등산도 '보는 교육'에서 시작했습니다. 아빠와 엄마의 등산과 관련된 앨범을 보여 주고, 텔레비전에서 방송된 산에 대한 프로그램을 유튜브로 찾아 보여 주며 자연스럽게 등산으로 안내했습니다.

처음에는 어렵지 않게 산책할 수 있는 산에, 소풍 가듯 김밥과 간식을 싸 가지고 가서 점심 먹고 놀다 오는 정도로 등산을 시작했습니다. 그러니 등산하는 월요일은 아이들에게 손꼽아 기다려지는 날이 되었습니다.

이렇게 시작한 등산이, 유신이가 11세가 되기 전에 100개 이상의 산을 올라갈 수 있게 만들었습니다.

등산을 고도화하라

소풍하듯 쉽게 시작한 등산에 점차 강도를 더했습니다. 먼저 장비를 준비했습니다. 등산 배낭과 등산 스틱, 등산화, 등산용 모자를 갖추었습니다.

아이들이 워낙 어리다 보니 아이들에게 맞는 등산 장비가 없어서, 여성용으로 가장 작은 배낭을 준비했고 스틱은 가장 가벼운 것으로 준비했습니다. 그러나 등산화만큼은 가장 작은 사이즈도 취학 전 아이들에게 맞는 것이 없었습니다. 그래서 등산화만큼은 운동화로 대신했습니다.

이렇게 장비를 갖추고 나니 아이들의 발걸음과 마음 자세가 달라졌고, 등산의 강도를 높이는 데 전혀 문제가 되지 않았습니다.

등산 배낭을 준비한 이유는 두 가지였습니다. 자기 먹을 것은 자기가 책임지게 하는 것, 그리고 혹시 모를 추락 사고에 대비해 배낭이 완충 역할을 하게 하는 것이었습니다. 그래서 7살 유신이의 배낭에는 김밥 1줄, 물 1병, 초코파이 1개를 넣고, 5살 유민이의 배낭에는 김밥 1줄과 초코파이 1개를 넣었으며, 3살 유하의 배낭에는 초코파이 1개를 짊어지게 했습니다.

군대에 가면 처음 철모를 쓰고 군화를 신을 때 무거워서 활동이 자유롭지 않습니다. 그러나 훈련이 거듭될수록 철모와 군화의 무게가 전혀 느껴지지 않고, 오히려 그것이 있어야 더 안정감을 느끼는 것처럼, 우리 아이들도 배낭이 처음에는 버겁게 느껴지겠지만 결국 아이들의 몸의 일부가 되리라 생각했습니다.

대신 아버지의 가방은 '맥가이버 가방'이 되어야 했습니다. 김밥 6줄, 물 3병, 이온 음료, 과일, 초코파이 한 상자, 과자, 화장지, 안전 약품, 작은 삽과 칼까지 준비해 아이들을 위해 충분히 '서비스'할 수 있게 했습니다. 이렇게 준비하면 아버지 배낭의 무게는 15킬로그램이 넘을 때가 많았습니다. 설악산 1박 2일과 덕유산 종주 때는 20킬로그램이었습니다. 이렇게 아버지 배낭이 무거워진 만큼, 아이들의 등산 강도도 함께 올라갈 수 있었습니다.

또 하나의 원칙이 있었습니다. 등산로를 정할 때 들머리와 날머리를 같게 잡지 않았습니다. 가능한 한 올라갈 때와 내려올 때의 코스를 다르게 잡았습니다. 이유는 등산의 지루함을 줄이고, 하산 후 차를 세워 둔 곳까지 평지 길을 더 걷게 만들어 전체 이동 거리를 늘릴 수 있기 때문이었습니다.

예를 들어 A라는 입산 장소에서 정상까지가 2킬로미터라면, 같은 길로 내려오면 총 4킬로미터를 걷습니다. 그런데 B 지점으로 내려오는 코스도 2킬로미터라면, A에서 올라 B로 내려오는 것까지는 역시 4킬로미터입니다. 하지만 거기서부터 차가 있는 A 지점까지 평지 길을 다시 걸어야 합니다. 그 길이 2킬로미터가 될 수도 있고 4킬로미터가 될 수도 있습니다. 평지 길은 상대적으로 수월하기에, 아이들의 체력은 그만큼 더 올라갈 수 있었습니다. 대신에 아버지는 더욱 힘이 들어 파김치가 되기 일쑤였습니다.

오대산을 내려와서

선두는 아버지가 선다. 나를 따르라!

등산할 때는 안전사고의 위험이 늘 있습니다. 자칫 부주의하면 큰 위험에 빠질 수 있습니다. 가장 흔한 위험은 넘어지거나 추락해 골절을 입는 사고입니다. 그래서 어린아이들인데도 불구하고 스틱을 준비했습니다.

다만 힘이 약한 아이들에게 스틱은 도리어 등산을 방해하기도 합니다. 그래서 아이들이 스틱을 잡지 않으려 했고, 우리 아이들도 마찬가지였습니다. 저는 차선책으로 스틱을 한 개만 손에 쥐여 주었습니다. 또 스틱을 잘못 사용하면 오르막에서 뒤따르는 사람의 얼굴을 다치게 할 수 있기에, 적당한 거리를 유지하게 하고 주의를 주었습니다.

아버지를 가지라

등산 과정에서 또 하나의 위험요소는 저체온증입니다. 저는 일찍이 '국제 청소년 성취 포상제 탐험 활동'을 10여 년 지도한 경험이 있어, 많은 땀을 흘린 뒤 찾아오는 저체온증을 늘 경계했습니다. 그래서 적당히 쉬어야 했고, 언제나 배낭에는 손바닥만 한 크기로 접을 수 있는 패딩을 넣어 다녔습니다.

산에서의 가장 큰 위험 요소는 산짐승과 뱀과 벌이었습니다. 그 많은 산행 중 멧돼지나 곰은 만나지 못했지만, 뱀은 헤아릴 수 없이 많이 만났고 벌집도 여러 번 지나쳤습니다. 바위산을 오르다가 제 얼굴과 50센티미터 차이로 독사를 만난 적도 있었고, 한번은 흔치 않게 뱀이 우리를 향해 돌진해 온 경우도 있었습니다. 스틱으로 세 번이나 쳐 내는데도 계속 덤벼들어 당황하던 중, 결국 스틱으로 쳐서 계곡 밑으로 집어던질 수 있었습니다. 그때를 생각하면 지금도 가슴을 쓸어내립니다.

이런 이유 때문에, 놀이터와 운동장에서는 아들들에게 최대한의 선택권을 주었다면 산에서는 반드시 아버지가 선두에 서야 했고, 아버지의 말을 듣게 했습니다. 그것이 산에서 아들들에게 아버지가 해 줄 수 있는 넓은 울타리였습니다.

"아버지가 선두에 선다"는 원칙은 통제를 위한 구호가 아니라, 위험 속에서도 아이들이 마음 놓고 배울 수 있게 해 주는 보호의 규칙이었습니다. 그 울타리 안에서 아이들은 두려움이 아니라 담대함을 배우고, 자연 속에서 삶(life)의 교육을 몸으로 익혀 갔습니다.

비박 산행이 제일 좋아요

"아이들에게 가장 기억에 남는 산행은 무엇일까?"

아버지에게 가장 기억에 남는 산행은 지리산 천왕봉 등반, 설악산 대청봉 등반, 덕유산 종주입니다. 업적이 큰 것을 기억에 저장해 둔 것 같습니다. 그런데 아이들의 기억에 가장 많이 남는 등산은 '비박 산행'이었습니다.

비박 산행은 텐트와 캠핑 장비, 조리할 음식까지 몽땅 짊어지고 산 정상에 올라가 하룻밤 자고 내려오는 것입니다. 산 정상에서 붉게 지는 석양의 장관과, 쏟아질 듯한 별이 빛나는 밤하늘, 안개가 산 아래에서부터 올라오는 모습은 상상만으로도 행복한 탄성을 자아냅니다. 정상에서 라면과 햇반만으로도 진수성찬을 맛보고, 과일 몇 조각과 과자 몇 알로 행복은 만땅이 됩니다.

2인용 작은 텐트 안에서 네 부자가 땀도 씻지 못한 불편한 몸을 뉜 채 찬양하고, 아버지의 살아온 이야기와 살아갈 이야기를 나누다가 잠이 듭니다. 아버지는 밤새 바닥이 불편해 잠을 이루지 못하지만, 아들들은 꿀잠을 자고 일어나 아침 햇살이 올라오는 일출에 감동을 받습니다. 빵과 우유로 간단히 먹고 하산하여 사우나에서 온몸을 씻을 때, 아이들은 탕을 수영장 삼아 신나게 놉니다.

아이들에게 가장 기억에 남는 산행은, 사실 아버지의 극한 고생 속에서 탄생했습니다. 비박 장비와 음식과 물을 짊어지면 30킬로그램이 넘습니다. 맨몸으로도 쉽지 않은 산행을 중무장하고 올라 텐트를 설치하고 음식을 차려 내야 합니다. 밤새 불편한 잠을 자야 하고, 다음 날은 이슬에 젖은 텐트를 정리해 배낭에 구겨 넣었다가 귀가하여 다시 말려야 하는 불편까지 더해집니다. 꼭 비박 산행을 다녀온 뒤에는 며칠간 몸에 무리가 따랐습니다.

그래도 아이들이 "비박 산행이 제일 좋았다"고 말하니, 다섯 번밖에 못해 준 것이 마음에 걸립니다.

'삶(life)의 교육'은 이렇게 온몸으로 기억되는 경험에서 깊어집니다. 편안한 학습보다 불편한 하룻밤이 더 오래 남는 이유는, 그 시간이 단지 '활동'이 아니라 가족이 함께 누리는 분위기(atmosphere)였고, 각자의 몫을 감당하며 쌓은 훈련(discipline)이었기 때문입니다. 그래서 아이들의 기억 속에 비박은 '고생'이 아니라, 아버지와 함께 살았던 가장 선명한 삶의 장면으로 남았습니다.

등산으로 얻어진 것

'등산으로 호연지기를 배운다'는 말이 있는데, 우리 아들들이 정말 그런지는 아직 잘 모르겠습니다. 그러나 우리 아들들이 더욱 튼튼해진 것만은 분명합니다. 우리 아이들의 건강과 체력은 대한민국 국보급이라고 해야 할 것 같습니다. 이제 체력적으로는 우리 아들들이 저보다 낫습니다. 처음에 교인들 가운데는 '아동학대'라고 뒷말하던 분들이 계셨는데, 우리 아들들과 함께 고산을 등산하고 난 후에는 아동학대가 아니라 '아버지 학대'라고 말할 정도였습니다.

체력적인 튼튼함은 정신적인 튼튼함과 맞물려서, 우리 아들들의 견딤과 인내 역시 단단해졌습니다. 지루함에 결코 지지 않는 내면을 가지게 되었습니다.

또한 아이들이 미리 가게 될 산에 대하여 공부하게 되면서 지리적 감각에 눈을 뜨게 되었습니다. 지도로 나타난 거리와 시간을 실제 걸음에 정확하게 적용할 수 있게 되었습니다. 뿐만 아니라 동식물에 대해서도 다양하게 알게 되었고, 무엇보다도 도덕의식이 함양되었습니다.

산에서 발생한 쓰레기는 반드시 가지고 내려오는 것이 습관화되었고, 산에서 용변을 볼 때에는 부삽을 이용해 구덩이를 파고 일을 마친 후 낙엽을 깔아 주고 흙으로 덮어 주었습니다. 이런 작은 실천들을 반복하면서 자연 친화적 삶에 대해서도 많이 알게 되었습니다.

뿐만 아니라 유형으로 남긴 것도 있습니다. 간단한 산행 일지입니다.

등산은 아이들에게 '지식'이 아니라 습관과 성품을 남겼고, 반복된 실천은 훈련(discipline)이 되어 아이들 안에 자리 잡았습니다. 그리고 그 모든 배움은 가정의 분위기(atmosphere)를 더 건강하게 세우는 방향으로 흘러갔습니다.

설악의 비경에 취해서

	**고성산(해발 298미터)**
	경기도 안성시 양성면 소재
	2015년 6월 27일
	삼 형제가 오늘 처음으로 의기투합했다. 왕복 3.6킬로미터를 유신이가 선두를 서서 동생들을 이끌었다.
	**덕암산(해발 164.5미터)**
	경기도 안성시 원곡면 소재
	2016년 5월 6일
	완만한 등산로이지만 부락산 입구에서 왕복 8킬로미터는 넘는 산행이다. 삼 형제가 6시간의 사투(막둥이의 짜증) 끝에 완주해 냈다.
	**속리산(해발 1,054미터)**
	충청북도 보은군 소재
	2016년 11월 4일
	드디어 유신이가 해발 1,000미터급 산에 올랐다. 총 5시간의 산행이 조금은 무리가 되었는지 하산 길에 지친 기색이 역력했다.

아버지를 가지라

	대둔산(해발 878미터)
	충청남도 금산시 소재
	2017년 8월 28일
	얼마나 덥던지 땀으로 목욕을 했다. 정상에서 비를 만나 정신없이 내려오다가 어쩔 수 없이 케이블카를 탔다. 덕분에 아이들은 신바람이 났다.
	계룡산(해발 845미터)
	충청남도 계룡시 소재
	2018년 4월 2일
	동학사를 지나 은선폭포 길로 관음봉에 올라 능선으로 삼불봉으로 와서 남매탑을 지나 천정탐방 센터까지 이어지는 9,5킬로미터를 6시간에 완주했다. 아이들이 갈수록 단단해지고 있다.
	설악산(해발 1,708미터)
	강원도 인제군
	2018월 6월 16~17일
	10시에 백담사를 출발하여 봉정함을 지나 소청과 중청을 지나 대청봉에 오른 시간이 5시 30분이었다. 간간이 내리는 비와 운무 사이로 힘들었지만 빼어난 절경에 감탄이 절로 나왔다. 중청 대피소에서 잠을 자고 6시 30분에 한계령으로 하산을 시작, 너덜바위 코스로 인해 고생하며 5시간 만인 11시 30분에 한계령에 도착했다.

자전거 하이킹

자전거 하이킹은 코람데오 홈스쿨의 여러 신체 활동 중에서 가장 재미있고 즐거움이 있는 활동이었습니다. 등산과 같은 지루함은 없었습니다. 그러나 반면에, 단 한 순간도 안전사고의 위협에서 제외되지 않아 아버지에게는 두려움과 긴장의 연속이었습니다.

철저히 준비하고 예상하라

도로로 나서기까지 자전거를 타는 데 완벽히 준비되어야 합니다. 이것은 나이의 문제가 아닙니다. 4살 때부터 보조 바퀴를 없애고 두 발로 타기 시작한 우리 아이들은 7살에 하이킹을 나갔습니다. 대개 빠르면 초등학교 들어가면서 두발자전거를 타는 아이들에 비해, 우리 아이들은 상당히 빨리 두발자전거를 배웠고 또 빠르게 하이킹을 나갔습니다. 그러나 그만큼의 준비 과정이 있었습니다.

가장 먼저 간 하이킹은 왕복 50킬로미터 구간인 안성천을 따라 아산만 방조제를 다녀온 것이었습니다. 그때 유신이는 7살이었고, 유민이와 유하는 제 자전거 앞뒤에 앉혀서 다녀왔습니다. 그리고 2년 후, 유민이도 자기 자전거를 타고 동일 코스를 다녀왔습니다. 그때부터 송탄을 중심으로 천안, 안중, 안성, 용인, 오산, 수원, 발안까지 수시로 코스를 바꾸어 가며 자전거 하이킹을 다녔습니다. 결국 유하도 7살이 되어서야 자기 자전거로 하이킹을 즐길 수 있었습니다. 이렇게 되기까지 계속 시간 되는 대로

아버지를 가지라

아파트 단지와 동네를 오가며 자전거 타는 시간을 쌓아 가며, 자전거 기술을 익혔습니다.

장비를 갖추라

전문적으로 하이킹을 하려면 장비를 확실히 갖추어야 했습니다. 자전거도 생활용 어린이 자전거가 아닌 MTB로 준비했습니다. 자전거를 배워 가는 단계이기에 MTB는 발품을 팔아 값싼 중고로 구입했습니다. 준비 없이 무턱대고 비싼 MTB를 새것으로 샀다가 몇 번 타지 않고 버려진 자전거는, 값싼 가격으로 우리 아들들의 소유가 되었습니다.

어린이 MTB는 많지 않기에 인터넷을 뒤지고, 평택을 넘어 오산과 수원과 용인의 자전거 매장에 전화를 걸어 미리 주문해 두었다가 구입했습니다. 굳이 MTB를 구입한 이유는 생활 자전거를 타는 아이들과의 '차별성'을 두어야 자전거를 즐기는 마음가짐도 더 좋게 가질 수 있다고 여겼기 때문입니다.

안전장구는 '과할 정도로' 준비하라

자전거 구입만큼이나 필요한 것이 안전장구였습니다. 헬멧과 발꿈치·팔꿈치 보호대, 장갑은 반드시 필요한 안전장구입니다. 다만 보호대는 피부 염증을 유발하고 거추장스럽기에, 어른들도 착용하지 않는 것처럼 결국 벗어 던지게 되곤 했습니다. 그래서 저는 현실적으로 헬멧과 장갑만큼은 필수로 착용하게 했습니다. 또한 바지는 가급적 청바지 계열로 두껍게 입혀, 수시로 넘어지는 중에도 찰과상을 최소로 줄일 수 있게 했습니다.

자전거 수리 공구는 반드시 챙긴다

자전거 수리용 공구 역시 반드시 갖추어야 합니다. 인터넷에서 자전거 수리용 공구 세트를 구입할 수 있습니다. 물론 자전거 펑크 수리와 체인이 빠졌을 때 부착하는 정도는 숙지되어 있어야만 공구 세트가 유용하게 쓰일 것입니다. 유튜브 영상만으로도 얼마든지 배울 수 있습니다.

저 같은 경우는 안전장비에만 신경 썼을 뿐, 수리용 공구를 준비하지 못해 멀리 나갔다가 펑크가 나는 바람에 8월의 뙤약볕 아래에서 7킬로미터나 자전거를 끌고 와야 하는 고생을 했습니다. 자전거가 4대나 되기에 충분히 예상했어야 했는데, 아이들의 안전에만 신경 쓰다 체크하지 못했던 부분입니다. 이후 곧바로 펑크 수리 장비를 준비했고, 그 뒤로 6년 동안 경기 남부 곳곳을 자전거로 여행하며 아름다운 추억을 쌓아 갈 수 있었습니다.

교통 법규와 수신호는 '철저'가 아니라 '절대'다

교통 법규를 지키는 것은 철저해야 했습니다. 보행자가 건널 수 있는 푸른 신호가 들어와도, 일단 횡단보도 앞에서는 멈추게 했습니다. 그리고 자전거를 끌고 건너게 했습니다. 자전거 하이킹 역시 아버지가 선두에 서야 했습니다. 호루라기를 입에 물고 수시로 출발과 멈춤 신호를 보냈고, 수신호를 익혀 손으로도 제어했습니다.

예를 들면 주먹을 높이 들면 '멈춤'이고, 손바닥을 펴서 하늘로 찌르는 동작은 '출발' 신호였습니다. 그리고 이 모든 수신호에 대해 아이들이 입으로 복창하게 하여 의사소통을 정확하게 했습니다.

훈련(discipline)은 아이를 겁주기 위한 통제가 아니라, 아이가 삶을 안전하게 누리도록 돕는 자유의 질서입니다. 자전거 하이킹에서의 규칙은 '재미를 빼앗는 울타리'가 아니라, 네 부자가 길 위에서 기쁨을 지키기 위한 생명의 울타리였습니다.

언제든 터지는 안전사고와 점점 커지는 아버지의 목소리

이렇게 철저히 준비했어도, 실제로 도로에 나가면 위험한 순간이 발생하여 우리를 당황하게 했습니다. 철저히 준비했지만 사고는 수시로 일어났습니다. 체력이 떨어지거나 주위 환경에 감탄하며 한눈을 팔아 긴장감이 떨어지면 어김없이 사고가 발생했습니다.

아버지와 어린 아들들의 자전거 4대가 질주한다고 생각해 보십시오. 어미 오리가 새끼 오리 4마리를 데리고 유유히 헤엄치는 한가로움으로 비칠 수도 있습니다. 그러나 한눈팔아 계곡이나 언덕 아래로 자전거가 굴러떨어지는 것을 생각해 보십시오. 또는 교차로 횡단보도에서 아버지의 멈추라는 수신호를 보지 못하고 뒤에서 와서 들이받거나, 도로로 뛰어 들어가는 것을 생각해 보십시오. 혹은 한 사람의 실수로 자전거 4대가 고속으로 달리다가 엉켜 모두 도로에 처박혀 아파하고 있는 모습을 생각해 보십시오. 실제 우리 아들들과 경험한 사고들이었습니다.

다행히 이런 상황이 수없이 발생하는데도 크게 다쳐서 입원한 적은 없습니다. 딱 한 번 병원에 가서 치료받았던 사고가 있었는데, 유민이가 벌레가 얼굴에 달라붙는 바람에 혼자 넘어지면서 보도블록에 얼굴을 갈아버린 일이었습니다. 이때도 병원에서 처방받은 약으로 치료하며 10일 후에는 사고 흔적이 전혀 없는 상태로 회복되었습니다. 대략 5,000킬로미터 이상을 함께 자전거를 타는 동안 큰 사고가 없었음은 모두 하나님 아버지의 보호하심이었습니다.

멈출 수 없는 질주

아들들이 자라면서 자전거도 더 큰 자전거로 바뀌어 갔습니다. 이렇게 발전한 만큼 사고의 위험성이나 사고 강도도 더욱 커져만 갔습니다. 이런 상황에서 아들들은 더 스피드를 즐기고자 했고, 이런 아들들을 향해 아버지의 "조심하라"는 외침은 더 큰 고함이 되었습니다. 자전거 하이킹의 시간이 많아질수록 아이들은 더 재미있어졌지만, 아버지의 긴장으로 인한 스트레스도 더욱 커져만 갔습니다.

사고의 위험이 많았음에도 결코 질주를 멈출 수 없었던 이유는 네 가지였습니다.

첫째는, 위험하다고 중단한다면 충분히 누리지 못한 질주의 즐거움이 마음의 갈증으로 남겨져서, 어떤 방법으로든 채우려 할 것이기에 미지의 영역으로 남겨 둘 수 없었습니다. 오히려 그것이 더 위험하다고 생각되었습니다.

둘째는, 아들들의 인생 속에 위험하지만 꼭 가야 하는 길들이 나타날 때 쉽게 포기하는 자세를 줄까 봐 걱정되었기 때문입니다. 달리는 것은 위험하고 멈추는 것은 안전하다고, 그저 멈추기만 한다면 그 존재 자체가 무슨 의미가 있을까 싶었습니다. 멈춰 버린 자전거는 그 상태가 아무리 새것일지라도 더 이상 자전거가 아닌 고물에 불과할 뿐이었습니다. 자전거도 인생도 멈추지 않고 가야만 하는 현실이기에, 위험을 무릅쓰고도 안전하게 달릴 줄 알며, 설사 넘어져도 적게 다치고 바로 일어설 줄 아는 아들들이 되게 하고자 질주를 멈추지 않았습니다.

셋째는, 아이들의 안전사고 대부분은 집 안에서 이루어지고, 주방 근처에서 주로 이루어진다는 통계를 접했기 때문입니다. 실제로 우리 아들 중 유신이를 보면 자전거 사고로 다쳐 본 적은 없지만, 어린이집에서 입이 찢어져 꿰맸고 집에서 팔이 부러져 접합 수술을 했으며, 방에서 넘어져 머리를 꿰맸습니다. 모두 가장 안전한 현장이라고 생각하는 곳에서 일어난 사고였습니다. 어차피 집 안에 있어도 더 큰 안전사고의 위험이 있기에, 질주를 포기하지 않고 하나님께 우리 아들들을 부탁하며 좋은 교육을 이어 가는 것을 선택했습니다.

넷째는, 아이들이 내 소유가 아닌 하나님의 소유라는 확신이 있었습니다. 이 위험한 상황에서도 하나님께서 당신의 아들들을 지켜 주셔서 당신의 뜻을 이루시며 합력하여 선을 이루어 주실 것이라는 믿음이 있었습니다. 만약 그렇지 않다면 하나님께서 우리에게 처음부터 자전거 하이킹 같은 무모한 것은 시작하지도 않게 하셨을 것이라고 생각되었기에 멈추지 않았습니다. 이 글을 쓰고 있는 지금 이 순간도 자전거 탈 때의 긴장감이 되살아나 손이 떨릴 정도입니다. 그만큼 제 내면에 트라우마가 컸습니다. 그럼에도 질주를 멈추지 못함은 긴장감보다 믿음이 더 컸기 때문일 것입니다.

결국 우리의 질주는 '기록을 위한 질주'가 아니라, 삶 속에서 두려움을 다스리고 다시 일어서는 법을 배우는 인격의 훈련이었습니다. 그 훈련은 결국 아이들이 세상을 살아갈 때, "멈추지 말되, 지혜롭게 달리는 법"을

아버지를 가지라

몸에 새기게 했습니다.

드디어 자전거 하이킹 뽕을 뽑다

2018년 추석 연휴가 5일이나 이어질 때, 우리는 평택에서 아버지의 고향인 충남 서천까지 자전거를 타고 갈 계획을 세웠습니다. 처음에는 전 구간을 3박 4일 일정으로 다녀오려 했습니다. 그러나 충남 공주까지 가야 할 국도에 인도 구간이 거의 없어 교통사고의 위험이 너무나 컸습니다.

4살 유하는 제 뒤에 태우더라도, 6살 유민이는 8살 형에 비해 자전거 타는 실력과 주의력이 현저히 떨어졌습니다. 그래서 공주까지는 승합차에 자전거 3대를 싣고 이동했습니다.

충청남도 공주에서 금강을 사이에 두고 우리 고향 서천과 마주 보고 있는 군산까지는, 금강변으로 자전거길이 잘 조성되어 있습니다. 공주 공설 운동장 주차장에 주차하고 200미터만 내려오면, 대청호에서 시작해 새만금까지 이어지는 자전거길이 시원스럽게 뚫려 있습니다. 더구나 군산으로 가는 길은 계속 내리막이다 보니 자전거가 시원스럽게 미끄러져 내려갔습니다. 전문 자전거길을 이용하는 사람들은 우리뿐이었기에, 스피드도 최대치로 내어 달렸습니다.

오전 10시에 출발하여 부여에서는 잠시 읍내 길로 접어들어 점심을 먹고, 다시 금강 자전거길로 합류했습니다. 강경을 지나고 황등을 지나 웅포에 이를 무렵 해가 졌습니다. 물론 중간중간 갈대밭이 넓게 펼쳐진 곳에 마련된 정자나 의자에서 쉬엄쉬엄 왔습니다. 어둠 속에서 전조등 두 개만 의지해 세 대의 자전거가 금강 하굿둑에 도착했을 때는 저녁 8시였습니다. 미련 없이 많이 타고, 원 없이 스피드를 즐긴 하루였습니다.

식당에서 밥을 먹고 찜질방에 들어가 목욕을 끝내자마자 우리는 곯아떨어지고 말았습니다. 행복한 자전거 여행의 하루가 지나갔습니다. 다음 날 새벽 6시에 일어났을 때 몸의 피로는 풀려 있었습니다. 그런데 문제가 생겼습니다. 자전거 안장에 밀착된 엉덩이가 살은 물론 뼈까지 아파서 도저히 앉을 수가 없었습니다. 전날 10시간을 탄 후유증이었습니다. 그래서 안장에 앉지 못하고, 페달을 밟은 채 엉덩이를 든 상태로 자전거를 타야 했습니다.

아침밥을 먹고 논길과 찻길로 조부모님 산소에 가서 성묘를 마치고, 본격적으로 귀경을 시작한 시간은 9시였습니다. 어려움은 그때부터 시작되었습니다. 전날 금강을 따라온 길이 내리막이었기에, 오늘은 처음부터 끝까지 오르막이었습니다. 여기에 10월의 바람은 서북풍이라 바람을 정면으로 안고 전진해야 했습니다. 체력적으로 전날보다 서너 곱은 더 힘이 들었습니다. 설상가상으로 오후가 되면서 바람의 세기가 강해졌습니다. 어제의 자전거길이 신선놀음이었다면, 오늘은 지옥의 행군이 되어 버렸습니다.

8살 유신이는 그래도 씩씩하게 앞으로 전진했지만, 6살 유민이는 점점 뒤로 처져 도저히 그날 중에 공주에 도착할 수 없을 것 같았습니다. 그래서 궁여지책으로 2미터 정도 되는 나뭇가지 두 개를 구해, 아버지 자전거 뒤에 유민이 자전거를 이어 묶었습니다. 오래도록 자전거를 탄 노하우로 작은 톱과 여러 공구들이 있었기에 가능했습니다. 그리하여 자전거는 졸지에 '2인용 자전거'로 변신했고, 유민이는 거저먹기로 끌려오게 되었습니다.

그 덕분에 저는 초죽음이 될 정도가 되었습니다. 다음 날 하루 종일 앓아누워야 했습니다. 물론 큰아들 유신이의 고생도 이만저만이 아니었습니다. 공주 주차장에 도착한 시간은 밤 12시 30분 전이었습니다. 꼬박 17시간 30분을 자전거를 탄 것입니다.

그날 이후 우리 아이들은 자전거 하이킹을 가자고 더 이상 말하지 않습니다. 물론 동네에서 이동할 때에는 자전거를 타지만, 주변에서 한껏 폼을 잡고 지나가는 자전거 무리를 전혀 부러운 눈으로 쳐다보지는 않습니다. 실컷, 질릴 만큼 타 보았기 때문입니다.

이 극한의 여정은 아이들에게 "더 많이"가 아니라 "더 바르게"를 남겼습니다. 샬롯 메이슨이 말한 훈련(discipline)은 무리한 기록이 아니라, 위험을 분별하고 서로를 배려하며 끝까지 책임지는 삶의 질서입니다. 그리고 그 질서는 '고생을 미화'하는 것이 아니라, 가족이 함께 지나온 길을 통해 아이들의 마음에 남는 현실의 배움이 됩니다.

자전거 하이킹으로 얻어진 것

무슨 일을 하든 철저한 준비 과정이 있어야 한다는 것, 그리고 안전사고에 대한 예측 시나리오를 갖추어야 한다는 것을 배우게 되었습니다. 지루함 없는 재미 속에 사고의 위험이 숨어 있다는 것과, 속도가 높아질수록 더 큰 사고로 이어질 수 있다는 사실을 몸으로 배웠습니다.

또한 혼자 타는 자전거라면 알 수 없는 것을 배웠습니다. 여럿이 라이딩을 하다가 한 사람의 작은 실수로 모두가 크게 잘못될 수 있다는 사실을 통해, 배려해야만 안전한 삶을 살 수 있다는 것도 배웠습니다. 이것들은 모두 아버지의 생각입니다.

금강 자전거길에서

아버지를 가지라

그러나 눈에 보일 정도로 자전거 하이킹을 통해 얻어진 것은, 우리 아이들이 자전거를 잘 타는 것뿐 아니라 자전거 수리 기술을 익혔다는 것입니다. 자전거 4대는 수시로 고장이 났습니다. 체인이 빠지거나 타이어 펑크가 대표적이었습니다. 그때마다 일일이 자전거 수리점에 갈 수 없기에 제가 수리를 했습니다.

"서당 개 삼 년이면 풍월을 읊는다"는 말이 있듯이, 계속 접하다 보니 우리 아이들 모두는 체인 수리에 거침이 없습니다. 심지어 유신이는 7살 때부터 홀로 자전거 펑크를 때울 수 있을 정도가 되었고, 틈틈이 다른 친구들의 자전거를 수리해 주기까지 했습니다.

또한 여러 번의 사고가 있을 때마다 하나님께서 지켜 주셨음을 감사하며, 분초의 순간까지도 우리를 지키시는 하나님을 체험하는 계기가 되었습니다. 보고 경험하며 배우는 것이 얼마나 큰 힘인지를 실감합니다.

샬롯 메이슨이 말한 교육의 핵심은 '설명'이 아니라 삶(life) 속에서 습관을 세우는 일입니다. 자전거 하이킹은 준비와 배려를 '알게' 한 것이 아니라, 반복 속에서 몸에 '배게' 했고(discipline), 그 과정 자체가 가정의 분위기(atmosphere)를 단단하게 만들었습니다. 그래서 이 배움은 기술을 넘어, 아이들의 삶을 지탱하는 습관으로 남았습니다.

3장.

한반도 국토 종단과 국토 횡단

경기도 파주 임진각을 출발하여 전라남도 해남군 땅끝마을까지 530킬로미터의 종단, 경기도 평택 아산방조제를 출발하여 강원도 강릉시 안목항까지 320킬로미터의 횡단.

1.
국토 종단

덤으로 주신 하나님의 선물

자전거 하이킹의 끝을 본 이후, 우리 4부자가 가벼운 등산과 스포츠 경기에 빠져 지내던 무렵, 아버지의 책 읽어 주기는 한비야 씨의 도보 여행기 『바람의 딸, 우리 땅에 서다』(해남 땅끝마을에서 강원도 고성까지)에 와 있었습니다.

어느 날 책 읽어 주기가 끝나 가는데 유신이가 말했습니다.

"아버지, 우리도 국토 종단해요!"

"뭐라고?" 저는 순간 당황했습니다. 종단기를 읽어 주면서도 부럽다는 생각은 했지만, 단 한 번도 우리 4부자가 할 것이라고는 생각해 보지 못했기 때문입니다. 한비야 씨는 30대 중반에 도전한 일이지만, 그때 제 나이가 한국 나이로 52세였기에 '나는 못 할 것'이라 생각했습니다.

물론 시간적인 면에서도 어려운 일이었습니다. 목양이 직업인 목사가 교회를 비울 수도 없고, 한비야 씨가 종단하던 때보다 지금은 차량이 훨씬 많아 교통사고 위험성도 높아졌기 때문입니다. 이런 복잡한 심경으로 당황하고 있는데, 유민이와 유하가 "와! 재미있겠다. 우리도 해요! 해요!" 하며 가세했습니다.

거실에서 아내는 더 단단히 밀어붙였습니다.

"당신 정말 행복한 사람이네. 대한민국 부모 중에 누가 아들 셋 하고 국토 종단해 보겠어요. 당신밖에 없어요. 그리고 요즘 코로나 때문에 금요 예배 쉬니까 주말에 하면 되겠네요."

아이들의 원성과 아내의 독촉까지 더해지자, 궁지로 몰린 제 입에서는 핑계와 현실적인 문제들이 쏟아져 나왔습니다. "힘들지 않을까? 위험하지 않을까? 아버지 나이가 너무 많다고 생각 안 하니? 너희가 청년도 아닌데 체력이 되겠냐?" 그런데 아이들의 대답은 이구동성이었습니다.

"아버지만 있으면 우린 할 수 있어요. 그리고 우리가 못 하는 게 뭐가 있어요. 충분히 할 수 있어요."

아이들과의 관계에서 모든 것을 계획적으로 생각하며 점진적으로 추진하던 제게, 국토 종단은 순전히 무계획적으로 벌어진 일이었습니다. 그리고 '덤'이었습니다. 아이들을 성경 원안적으로 키우기 위해 시간과 믿음을 바치는 저에게, 하나님께서 덤으로 주신 큰 선물이었습니다.

'살아 있는 교육'은 책장에서 끝나지 않고 삶으로 흘러갑니다. 살아 있는 책(living books)이 아이의 마음을 흔들면, 아이는 "해 보고 싶다"는 욕구로 반응합니다. 그리고 그 욕구를 '가정의 리듬' 안에서 책임 있게 실행하도록 돕는 것이 훈련(discipline)입니다. 우리의 국토 종단은 바로 그 흐름 — 책에서 삶으로 — 이 가장 선명하게 드러난 사건이었습니다.

아버지를 가지라

거실에서 국토 종단이 현실화되다

책을 읽고 나서 곧바로 잠을 청해야 하는데, 우리는 거실로 몰려나와 벽에 붙여진 어른 키만큼 큰 한반도 지도 앞에 섰습니다. 평소 아이들에게 지리 감각을 익혀 주기 위해 세계 지도와 함께 나란히 붙여 놓은 것이었는데, 결국 국토 종단과 횡단에 요긴하게 사용될 수 있게 되었습니다.

지도 앞에서 한비야 씨의 도보 종단 경로를 손으로 짚어 따라가 보니, 한비야 씨는 '정종단'이 아니라 서쪽에서 동쪽으로 이어진 사선 모양으로 종단과 횡단이 섞여 있었습니다. 그래서 저는 종단의 개념을 설명하고, 한반도의 최북단 철책인 임진각에서 출발해 해남 땅끝마을까지로 경로를 제시했습니다. 아이들은 좋아라 하며 모두 찬성했습니다.

그날 우리가 결정한 것은, 거리도 모르고 며칠을 걸어야 하는지도 모르면서 "당장 하자"는 것, 그리고 "무진장 재미있을 것"이라는 것뿐이었습니다. 그날이 2022년 1월 20일이었습니다.

하룻밤 만에 구체적인 세부 일정을 세우다

아이들은 좋아라 했지만, 저는 그 밤에 잠을 잘 수가 없었습니다. 청사진이 마련된 후에야 계획적으로 움직이던 저였는데, 이번에는 완전히 거꾸로 일이 시작되었기 때문입니다. 그래서 책상 앞에 앉아 한비야 씨 책을 마저 읽고, 뒤쪽 부록에 있는 국토 종단 가이드를 참고했습니다. 국토 종단의 중요한 틀은 대략 이러했습니다. 하루 걷는 거리 정하기, 밥 먹을

곳과 잠잘 곳 구하기, 교통편의, 안전 확보, 경비, 준비물….

네이버 지도에서 '길 찾기'를 펼쳐 놓고 '임진각에서 땅끝마을까지'를 검색해 보니, 자동차로는 486킬로미터, 자전거로는 540킬로미터가 나왔습니다. 그러나 도보 경로는 나오지 않았습니다. 아마도 이 거리를 '도보로' 걷는 사람이 거의 없기 때문일 것입니다. 그래서 우리는 자전거 경로를 따라 걷기로 결정했습니다. 자전거 도로에는 천변길과 둑방길이 많이 섞여 있어, 차도에 비해 비교적 안전이 확보될 수 있으리라 판단했기 때문입니다.

전체 거리를 확인한 뒤 하루 도보 거리를 정했습니다. 20킬로미터를 기준으로 잡아 보니 전체 일수는 27일이 나왔습니다. 20킬로미터를 택한 이유는 단순했습니다. 걷는 시간만 6~7시간, 점심 식사 시간과 휴식 시간까지 계산하면 최소 8시간 이상이 소요될 것이라 보았기 때문입니다. 그런데 나중에 실제로 걸어 보니, 27일이 아니라 23일이 걸렸습니다. 이유는 '하루 20킬로미터'가 계획이라고 해도, 현실에서는 걸음을 멈출 수 없는 날들이 생겼기 때문입니다. 우리가 원하는 지점에 숙소와 저녁 식사가 가능한 여건이 갖추어져 있지 않으면, 결국 계속 걸어야 했습니다. 이런 이유로 39킬로미터를 걸은 날도 있었습니다. 그런 날은 완전히 녹초가 되어 기진맥진했습니다. 덕분에 27일에서 4일이나 줄었고, 잊을 수 없는 진한 추억도 함께 얻게 되었습니다.

한비야 씨의 책을 통해 국토 종단에 도전할 수 있게 만든 결정적인 자극제는, '끊어서 할 수 있다'는 사실을 알게 된 것이었습니다. 아이들이 아무리 보채고 아내가 강권했어도, 27일 동안 교회를 비운다는 것은 상상할수도 없는 일이었습니다. 그런데 한비야 씨가 국토 종단을 하면서도 잠시중단하고, 틈틈이 일을 보고 와서 다시 이어서 하는 방식에서 힌트를 얻었습니다. 그래서 우리도 구간을 나누었습니다. 수도권 구간은 접근성이좋으니(필자의 집은 평택입니다) 시간 되는 대로 짬짬이 걷고, 지방으로내려갈수록 휴가를 사용하여 2~5일씩 끊어서 걷기로 했습니다. 이렇게 1년 계획을 잡았습니다.

구간을 나누어 걷기로 하자, '끝나는 지점에서 집까지 귀환했다가 다음에 다시 끝 지점까지 가야 하는 교통편'이 문제가 되었습니다. 일단 임진각에서 천안까지는 전철을 이용하는 것이 시간과 비용 면에서 효율적이었습니다. 나머지 지방 구간은 아내가 기쁘게 픽업해 주기로 했고, 아내가 바쁠 때는 열차나 시외버스를 이용하기로 했습니다.

걷기에서 가장 중요한 것은 안전한 도보였습니다. 걸어야 할 길의 대부분이 차도이기에, 시작에서 끝날 때까지 교통사고의 위험에서 완전히 제외될 수는 없었습니다. 그래서 둑방길과 천변길을 우선적으로 선택하고, 차도는 가급적 차도와 인도의 구별이 있는 도로를 택했습니다. 조금 돌아가더라도 교통량이 적은 옛길을 선택하여 걷기로 했습니다.

또한 30년 전 군에서 행군할 때 배운 대로, 차량을 등지지 않고 차량을마주 보며 왼쪽으로 걷기로 했습니다. 배낭의 뒷면과 앞쪽 멜빵끈에는 경광등 스티커를 부착해 운전자들이 도로를 걷는 우리를 잘 식별할 수 있게 했고, 선두에서는 제가 지시용 경광등과 호루라기로 지휘하며 걷기로 했습니다. 이렇게 준비한 결과, 처음 우려했던 것보다 교통사고의 위험은 거의 없었습니다. 오히려 교통사고보다 더 두려웠던 것은 도로에서 발목 부상을 입을 만한 상황, 뱀에 물릴 수 있는 위험, 그리고 들개의 위협이었습니다.

경비는 식대와 숙소비, 교통비, 간식비가 전부였습니다. 계획을 세우기보다, 일단 부딪치며 써 보는 방식으로 '계획 없는 계획'을 세울 수밖에 없었습니다.

준비물은 늘 배낭을 짊어지고 다녔던 등산과 자전거 피크닉과 크게 다를 것이 없었습니다. 다른 것이 있다면 일정의 양에 따라 갈아입을 옷을 준비해야 한다는 점이었습니다. 그리고 국토 종단을 하는 가족임을 알리는 작은 깃발을 주문 제작하여 배낭에 꽂기로 했습니다.

계획을 세우면서 한 가지 더 떠오른 것이 있었습니다. 아이들로 하여금 국토 종단기를 쓰도록 하는 것이었습니다. 거리와 시간을 기입하게 하고, 사진을 첨부하여 느낀 점을 쓰게 한 것입니다. 그런데 나중에 막상 하면서 보니, 아이들이 스스로 사용 경비까지 추가하여 종단일지를 기록했습니다.

샬롯 메이슨이 말한 내레이션(narration)은 '말로 다시 말하기'에서 끝나지 않고, 이렇게 기록으로 삶을 해석하는 힘으로 확장됩니다. 아이들이 걸은 만큼 쓰고, 본 만큼 남기고, 사용한 만큼 책임지는 종단일지는 체험을 '추억'으로만 두지 않고 배움의 자산으로 바꾸어 주었습니다.

아버지를 가지라

계획하고 훈련하다

국토 종단 계획이 세워졌다고 해서 곧바로 시작할 수는 없었습니다. 그동안 다져진 체력이 충분하다고 해도, 530킬로미터를 걸어야 하는 대장정은 섣불리 나설 일이 아니었습니다. 더구나 1월은 너무 추웠습니다. 그래서 우리는 길고 거창한 훈련이 아니라, 짧지만 실제적인 훈련을 먼저 해 보기로 했습니다. "때를 가늠하는 훈련"이었습니다.

저희 가족이 거주하고 있는 곳에서 평택 시내까지는 편도 7킬로미터이고, 송탄 시장까지도 마찬가지로 편도 7킬로미터입니다. 이 구간을 일주일에 두 번 왕복하여 걷기로 했습니다. 말로만 '국토 종단'을 하는 것이 아니라, 몸으로 '국토 종단의 리듬'을 맛보게 하려는 훈련이었습니다.

오후 4시가 되면 배낭까지 메고 길을 나섰습니다. 1시간 30분을 걷고 나면 평택 통복시장이나 송탄 송북시장에 도착했습니다. 시장에 도착하면 저녁 식사를 하고, 다시 집까지 걸어 들어왔습니다. 걸음으로 밥을 얻고, 걸음으로 하루를 마감하는 시간이었습니다.

그때가 1월의 가장 추운 때였는데도, 신기하게도 땀을 흘리며 다녀올 수 있었고 다녀오고도 별 무리가 없었습니다. 오히려 몸이 열을 내며 "아, 우리는 걸을 수 있겠구나" 하는 확신이 생겼습니다. 그렇게 몇 차례 확인하고 나서, 우리는 더 이상의 훈련 없이 도전하기로 했습니다. 이 길은 '더 준비된 뒤'가 아니라, '지금 순종해서' 걸어야 하는 길이라는 마음이 들었기 때문입니다.

훈련(discipline)은 특별한 결심이 아니라 반복되는 일상의 습관입니다. 국토 종단을 앞두고 우리가 한 훈련은 거창한 체력 단련이 아니라, 같은 시간에 배낭을 메고 걷는 '리듬'을 몸에 새기는 일이었습니다. 그리고 그 리듬이 자리 잡을 때, 아이들은 "할 수 있다"가 아니라 "해야 한다면 해낼 수 있다"는 마음의 근육을 얻게 됩니다.

드디어 시작

2021년 설 명절 3일간의 휴가를 이용하여, 우리는 장도의 첫걸음을 뗄 수 있었습니다.

임진각을 출발하다

첫 일정과 마지막 일정은 엄마도 함께 동참하기로 했습니다. 파주 임진 각까지 전철로 4시간을 이동해, 마침내 임진각 철책 앞에 섰습니다.

그 자리에서 잠시 기도했습니다. 하나님께 우리의 여정이 안전하게 지켜지게 하시고, 아이들에게도 아버지에게도 아름다운 추억이 되게 해 달라고 아뢰었습니다. 그리고 영하 8도의 추위 속에서, 우리는 첫 발걸음을 내디뎠습니다.

1번 도로를 따라 문산까지 이동하는 동안, 매서운 북풍을 정면으로 받아 내야 했습니다. 그런데 이상하게도 추운 줄도 모르고 걸을 수 있었습니다. 몸이 아직 '걷는 모드'로 들어가기 전이라, 오히려 정신이 더 또렷했고 긴장감이 우리를 지탱해 주었습니다.

점심 식사 이후, 문산에서부터 금촌까지는 문산천 천변길을 따라 걸었습니다. 천변길로 들어서니 더 이상 일렬로 걸을 필요가 없었습니다. 온 가족이 한 덩어리가 되어 걸을 수 있었고, 우리는 찬양을 함께 부르고 이야기꽃을 피우며 재미있게 걸었습니다. "국토 종단"이 어느 순간부터 '대장정'이 아니라 '함께 걷는 하루'가 되기 시작한 지점도 바로 여기였습니다.

그날은 오전에 전철에서 4시간을 이미 써 버렸기에, 출발이 11시가 될 수밖에 없었습니다. 그래서 20킬로미터 지점인 금촌역에 도착했을 때는 5시가 넘어 땅거미가 지고 있었습니다.

숙소인 여관에 들어가 배낭을 내려놓고는 밖으로 나가 저녁을 먹었습니다. 다시 들어와 씻고, 그날의 종단 기록을 썼습니다. 그러고는 잠이 쏟아져 더 버틸 수가 없어 곧바로 취침에 들어가야 했습니다. 첫날부터 몸이 말해 주었습니다. "이 길은 마음만으로 걷는 길이 아니다."

다음 날 새벽은 5시에 기상하여 씻고 6시에 출발했습니다. 기온은 영하 13도였습니다. 코끝이 시렸고, 장갑을 꼈음에도 손은 물론 발가락까지 시렸습니다. 그러나 걷는 시간이 늘어날수록 점차 몸이 데워졌고, 우리는 다시 리듬을 찾아 앞으로 나아갈 수 있었습니다.

훈련(discipline)은 특별한 이벤트가 아니라, "오늘도 한 걸음"을 내딛게 하는 습관의 힘입니다. 첫날의 기도와 둘째 날 새벽의 혹한은, 아이들에게 '대단한 기록'보다 '정직한 지속'을 가르쳐 주었습니다. 그리고 그 지속은 가족의 분위기(atmosphere) 속에서, 삶(life)의 교육으로 깊어졌습니다.

지도읍 분식집에서 아침을 해결하다

둘째 날은 새벽 5시에 일어나 6시에 출발했습니다. 기온은 영하 13도. 어제보다 더 매서운 추위가 몸을 먼저 시험했습니다. 그러나 우리는 이미 알고 있었습니다. 걷다 보면 몸이 데워진다는 것을. 숨을 고르고, 배낭 끈을 다시 조여 매고, 말수는 조금 줄인 채로 한 걸음씩 리듬을 찾아갔습니다.

얼마 지나지 않아 지도읍에 있는 작은 분식집이 보였습니다. 우리는 그곳에서 아침밥을 해결하기로 했습니다. 따뜻한 오뎅국과 김밥이 아침의 진수성찬이었습니다. 아이들은 "와, 진짜 맛있다"를 연발했고, 저는 그 말이 단지 음식 때문만은 아니라는 것을 알았습니다. 추위를 견디고 움직인 뒤에 얻는 작은 보상, 그 소박한 기쁨이 아이들의 마음을 앞으로 밀어 주고 있었습니다.

공릉천을 따라 걷다

식사를 마치고 길을 다시 잡았습니다. 차도를 최대한 피하고자 공릉천 자전거길로 들어섰습니다. 천변길은 차가 없고 길이 넓어, 마음의 긴장이 한결 풀립니다. 그래서인지 아이들의 말도 다시 살아났고, 걸음도 부드러워졌습니다. 우리는 강변을 따라 흐르는 물소리를 들으며, "오늘은 어제보다 훨씬 낫다"는 서로의 격려를 주고받았습니다.

아버지를 가지라

걷는다는 것은 결국 마음의 문제라는 생각이 들었습니다. 길이 안전해지면 마음이 풀리고, 마음이 풀리면 몸이 따라옵니다. 그래서 국토 종단의 핵심은 '근육' 이전에 '리듬'이었습니다.

삼송리 비닐하우스 단지, 뜻밖의 위협을 만나다

공릉천을 따라 걷다 보니 길은 어느새 삼송리 쪽 비닐하우스 단지를 지나게 되었습니다. 그곳은 생각보다 인적이 드물었습니다. 그리고 그때, 예상치 못한 일이 벌어졌습니다. 들개였습니다.

멀리서부터 낮고 거친 짖음이 들려왔고, 순식간에 몇 마리가 우리 쪽으로 방향을 틀었습니다. '설마 가까이 오겠어' 하는 생각이 채 끝나기도 전에, 그 거리는 빠르게 좁혀졌습니다. 아이들은 본능적으로 제 뒤로 모여들었습니다. 그 순간 저는 깨달았습니다. 차보다 무서운 것이 또 있다는 것을. 그리고 그때 부모의 역할은 설명이 아니라, 즉시 아이들을 감싸는 울타리의 행동이어야 한다는 것을.

저는 아이들의 앞에 섰습니다. 목소리를 낮게 깔아 "뒤로, 붙어"라고 짧게 지시했고, 아이들은 놀랐지만 그 말대로 움직였습니다. 다행히 우리가 크게 다치거나 물리지는 않았습니다. 그러나 그 순간의 긴장감은 분명히 남았습니다. "우리는 길 위에 있다. 길 위에는 언제든 변수가 튀어나온다."

그날 이후로 우리는 준비물을 하나 더 추가했습니다. 스틱이었습니다. 산행 때는 스틱이 당연했지만, 도로에서는 '굳이?'라고 생각했던 것이 사실입니다. 그런데 들개를 만난 이후로 생각이 달라졌습니다. 스틱은 단지 걷는 도구가 아니라, 위협을 멈추게 하는 최소한의 방패가 될 수 있었습니다.

그래서 우리는 '길 위의 원칙'을 하나 더 세웠습니다.

"아버지는 선두에 서되, 언제든 아이들을 보호할 수 있는 거리에 둔다."

그리고 "위험은 겁으로 피하지 말고, 준비로 줄인다."

이 원칙이 자리 잡자, 아이들의 표정도 다시 안정되었습니다. 아이들은 무모해진 것이 아니라, 오히려 더 단단해졌습니다. 위험을 한 번 겪고 나면, 그다음엔 두려움만 남는 게 아니라 현실을 분별하는 힘도 함께 남기 때문입니다.

교육훈련은 위험 속에서도 삶을 지속할 수 있게 돕는 질서와 준비입니다. 길 위에서의 작은 규칙 하나, 준비물 하나가 아이들에게는 "세상은 위험하니 숨자"가 아니라 "세상은 위험할 수 있지만, 지혜롭게 걸어갈 수 있다"를 가르쳐 줍니다.

국토 종단의 실제적인 어려움

숙소 구하기가 하늘의 별 따기였다

국토 종단을 계획할 때, 저는 단순히 "얼마나 걷느냐"만 생각했습니다. 그런데 막상 길 위에 서 보니, 진짜 어려움은 걷는 거리만이 아니었습니다. 그날 하루를 마무리할 숙소와 식사가 해결되지 않으면, 우리는 계획했던 거리에서 멈출 수가 없었습니다. 그래서 어떤 날은 20킬로미터를 채웠는데도 더 걸어야 했고, 결국 39킬로미터까지 가게 된 날도 있었습니다. 그날은 모두가 초죽음이 되었습니다.

특히 우리가 종단을 시작한 시기는 코로나 상황이었습니다. 숙소를 구하는 일이 말 그대로 하늘의 별 따기였습니다. 4인 가족이 한 방에 들어가겠다고 하면, 많은 곳에서 난색을 표했습니다. 겨우 통화가 이어져도 "4명은 안 된다"는 말이 돌아오기 일쑤였습니다.

게다가 숙박 문화 자체도 우리에게는 낯선 장벽이었습니다. '숙박'보다 '대실'이 중심인 곳이 많아, 저녁 시간이 가까워질수록 방을 구하기가 더 어려워졌습니다. 대실 손님이 빠져야 방을 내줄 수 있다는 구조 속에서, 길 위의 우리는 늘 시간에 쫓길 수밖에 없었습니다. "오늘은 어디서 자지?"라는 질문이 하루 종일 머릿속을 떠나지 않았습니다.

그런데 이상하게도, 막막하다고 느껴질 때마다 길은 열렸습니다. 마지막까지 방이 없던 날에도, 어떤 곳에서는 갑자기 방이 하나 비었고, 어떤 날은 예상치 못한 도움의 손길이 생겼습니다. 우리는 그때마다 깨달았습니다. 이 길은 우리가 계획으로만 운영하는 길이 아니라, 하나님께서 앞서 행하시며 돌보시는 길이라는 사실을 말입니다.

교육은 교과서가 아니라 삶(life)에서 이루어집니다. 숙소를 구하는 문제는 단순한 '여행 팁'이 아니라, 가족이 하루를 책임 있게 운영하는 훈련

(discipline)이 되었고, 그 과정에서 아이들은 불평보다 기도, 당황보다 질
서를 배워 갔습니다. 그렇게 길 위에서 쌓인 경험은 우리 가정의 분위기
(atmosphere)를 더 단단하게 만들었습니다.

천안을 지나며

밥 먹는 것 역시 어려운 일이다

세계 20여 개국을 다녀 본 제 경험으로는, 우리나라처럼 식당이 많은

아버지를 가지라

나라도 없다고 생각했습니다. 그런데 막상 길 위에서 걸어 보니 식당이 없었습니다. 어쩌면 식당이 "없는" 것이 아니라, 우리가 시간과 장소를 맞출 수 없었던 것인지도 모르겠습니다.

구간을 나누어 걸을수록, 특히 여름이 가까워 올수록 더위와의 싸움이 가장 힘겨웠습니다. 작열하는 태양과 아스팔트의 열기 때문에 수분이 땀으로 빠르게 빠져나갔고, 체력 손실은 겨울철보다 훨씬 심했습니다. 손실되는 만큼 마실 물을 더 많이 짊어져야 했기에, 날이 더워질수록 배낭에 넣는 물도 많아져 이중삼중으로 어려워졌습니다.

그래서 우리가 택한 방법이 있었습니다. 새벽 이른 시간에 출발하고, 한낮에는 쉬었다가 열기가 식은 오후에 다시 걷는 것이었습니다. 그런데 바로 그 선택 때문에 끼니를 해결하는 일이 더 어려워졌습니다. 새벽 4시에 문 연 식당이 있을 리 없으니, 우리는 종종 공복으로 출발해야 했고 11시 가까운 시간까지 전혀 식사를 할 수가 없었습니다.

한번은 식당 오픈 시간이 가까웠습니다. 기다렸다가 먹고 가야 했는데, "조금 더 가면 또 있겠지" 하며 그냥 지나쳤습니다. 그런데 다음 식당이 나온 시간이 오후 3시였습니다. 결국 우리는 땡볕 아래에서 무려 11시간을 걸으면서 쫄쫄 굶어야 했고, 우리 아들들은 그날 처음으로 '진짜 배고픔'이 무엇인지 맛보았습니다. 진정한 배고픔을 경험해 본다는 것 역시 결코 작은 경험이 아닙니다.

이 경험 이후로 우리 가족은 방향을 조금 바꾸었습니다. 그것은 지극히 도시 문명에 익숙한 사람의 생각이었음을 인정하게 된 것입니다. 번잡한 서울 도심과 경기도 일원을 벗어나면, 들판길과 산길이 대부분이라 편의점이 있을 턱도 없었습니다. 농촌마다 노령화가 가속되어 면 소재지조차 편의점이 없는 곳도 있었습니다. 도시와 지방 간의 인구 격차와 농촌의 고령화는 우리가 생각하는 것보다 훨씬 심각했습니다. 그래서 배고픔과 목마름으로 고생을 온몸으로 체험한 이후에는, 배낭이 무거워도 충분한 먹거리를 짊어져야 했습니다.

교육은 '설명으로 아는 것'이 아니라, 삶(life) 속에서 '분별하고 선택하는 힘'을 기르는 일입니다. 식당 하나, 편의점 하나가 당연하지 않은 길 위에서 아이들은 계획을 수정하는 법을 배웠고, 배낭의 무게까지 포함해 삶의 조건을 책임 있게 감당하는 훈련(discipline)을 쌓았습니다. 그리고 그 과정은 불평을 키우기보다, 서로를 살피고 감사할 줄 아는 가정의 분위기(atmosphere)를 더 단단하게 만들었습니다.

편의점이 없다

처음에는 "식당이 없으면 편의점이라도 있겠지"라고 생각했습니다. 그런데 그 생각 자체가 도시 문명에 익숙한 사람의 착각이었습니다. 번잡한 서울 도심과 경기도 일원을 벗어나기 시작하면, 길은 금세 들판길과 산길이 되고, 마을 간 거리는 생각보다 훨씬 멀어집니다. 그 길 위에는 편의점이 '가끔' 있는 정도가 아니라, 아예 없는 구간이 많았습니다.

농촌마다 노령화가 가속되어 면 소재지조차 편의점이 없는 곳도 있었

　　　　　아버지를 가지라

습니다. 그래서 한번은 "조금만 더 가면 나오겠지" 하며 참고 걸었는데, 결국 아무것도 만나지 못한 채 한참을 더 걸어야 했습니다. 그때부터 우리는 방향을 바꿨습니다. 배낭이 무거워도 '먹거리와 물은 든든히 채우자.' 그것은 '있으면 좋은 것'이 아니라 '없으면 위험한 것'이었습니다. 결국 편의점이 없는 길은 우리에게 한 가지를 가르쳤습니다. 필요는 예상하고 준비해야 한다는 것 말입니다.

더위가 적이다

국토 종단을 방해하는 것은 추위도 비바람도 아니었습니다. 진짜 방해자는 더위였습니다. 3월 말 정도부터 벌써 더위를 느끼기 시작하면서 반팔을 입게 되었고, 4월이 되자 어떤 날은 웃통을 벗어야 할 정도로 덥게 느껴졌습니다. 실제로 우리 막둥이는 산길로 고개를 넘어가는 동안 더위를 참지 못해 웃통을 벗고, 배낭만 멘 채 걸을 정도였습니다.

몸이 더위를 느끼기 시작하면 체력 손실은 급격해집니다. 체력적으로는 오전 시작할 무렵과 오후 끝날 무렵이 다르게 느껴지는데, 무더위 속에서는 오전에 출발한 지 1시간도 되지 않아 벌써 '오후 끝나기 1시간 전' 같은 체력 상태로 떨어지는 느낌이 들었습니다. 생각만으로도 더위가 얼마나 치명적인 방해꾼인지 알 것입니다. 그래서 웬만하면 국토 종단은 추운 겨울을 중심으로 하는 것이 훨씬 수월하다는 것을 온몸으로 경험했습니다.

훈련(discipline)은 무리한 의지로 버티는 것이 아니라, 삶을 가능하게 하는 지혜로운 조절입니다. 더위 앞에서 우리는 '견디기'만이 아니라 시간과 속도와 수분을 조절하는 법을 배워야 했고, 그 조절 자체가 아이들에게 삶(life)을 운영하는 실제 교육이 되었습니다.

화장실 인심은 넉넉하다

큰 어려움은 아니지만, 화장실 문제도 상당히 중요했습니다. 가급적 아침에 숙소에서 큰 용변은 보고 나왔어도, 소변은 못해도 3번 이상은 봐야 하기에 화장실은 늘 신경 써야 했습니다.

도심 구간에서는 주유소에서 양해를 구하고 사용하거나, 큰 상가 건물 2층 화장실을 이용했습니다. 다행히 어디에서도 화장실 인심만큼은 넉넉했습니다.

다만 두루마리 화장지만큼은 챙겨 가야 했습니다. 화장실은 무료인데 화장지가 없는 곳도 종종 있었기 때문입니다.

시골 들판길 구간은 말 안 해도 아실 것입니다. 인적 없는 어디나 다 거름터가 되었습니다. 크든 작든, 나가 보면 알게 됩니다. 급하면 마음도 넉넉해집니다.

삶(life)의 교육은 '고상한 교실'에서만 배우는 것이 아니라, 이런 현실의 필요 속에서 더 선명해집니다. 아이들은 당황을 줄이고 준비를 늘리는 법을 배우고, 하루의 리듬을 스스로 조절하는 훈련(discipline)을 쌓아 갑니다.

물집은 훈장이다

물집은 의학적으로 마찰력에 의해 생기는 화상이라고 합니다. 걷는 내내 제 발을 괴롭힌 것이 바로 물집이었습니다. 발에 무리가 되지 않을 만큼 걷는다면야 생기지 않을 터인데, 우리는 늘 무리가 될 만큼 걸었기에 이틀째에는 어김없이 물집이 생겼습니다.

물집 예방을 위해 군대 있을 때는 스타킹도 신어 보고, 세숫비누를 가루 내어 양말 속에 넣어 본 경험도 있습니다. 지금은 발가락 양말이 있기에 그것으로 물집을 최소화해 보려 했습니다. 하지만 3~4일째가 되면 발바닥 전체와 새끼발가락, 엄지발가락에는 어김없이 포도송이만 한 물집이 잡혔습니다. 많은 날은 8개까지 생겼습니다.

그래서 바늘과 소독약을 가지고 쉬는 동안 계속 물집을 터뜨리고 소독했습니다. 바늘에 실을 꿰어 물집 사이를 통과시킨 후 '주욱' 하고 빼내면 물이 다 나옵니다. 그리고 소독약을 뿌리면 쓰리고 아립니다. 그래도 물집을 둔 채 걷는 것보다는 훨씬 덜 아픕니다. 유신이 역시 물집 때문에 꽤나 고생을 했습니다.

국토 종단을 하며 물집이 생기는 것은, 일종의 훈장이라고 생각하는 것이 좋겠습니다.

훈련(discipline)은 '고생을 미화'하는 것이 아니라, 고생 속에서도 삶을 지속하게 하는 작은 돌봄과 책임입니다. 물집을 관리하는 일은 아이들에게 "아프면 끝"이 아니라, "아프면 돌보고, 돌보며 계속 간다"는 인내의 기술을 남겼습니다.

고양시를 지나며

국토 종단의 에피소드

응원과 격려를 받다

우리들의 국토 행진을 보는 분들 가운데 많지는 않지만, 따뜻하게 응원해 주는 분들이 계셨습니다. 지나가는 운전자들이 경적을 울리며 엄지손가락을 내밀어 주거나 손을 흔들어 주었습니다. 길 위에서 받는 그런

아버지를 가지라

응원은, 피곤한 몸에 순간적으로 힘을 넣어 주는 작은 기적처럼 느껴졌습니다.

논산에서는 딸기밭 아주머니가 우리 아들들이 대단하다며 딸기 한 상자를 통째로 손에 들려 주셨습니다. 너무 많이 먹은 나머지 아이들은 30분 간격으로 교통량이 많은 길가에서 소변을 누느라 진땀을 빼야 했습니다. 웃지 못할 해프닝이었지만, 그날의 딸기 향과 아주머니의 환한 얼굴은 우리에게 오래 남았습니다.

여산에서는 아주머니 한 분이 우리를 부르시고는 아이들에게 2만 원을 쥐여 주시며 응원해 주셨고, 장성에서는 문화원 기자라는 60대 어르신이 5만 원을 주셨습니다. 전주에서는 제 또래의 남자분이 음료수를 사 주셨고, 태인에서는 30대 남자분이 아이스크림을 사 가지고 와서 응원해 주셨습니다. 강진에서는 슈퍼마켓 주인이 간식을 찬조해 주셨습니다.

그리고 해남의 금광마을 부녀회장님께서는 우리를 마을회관으로 초대해 주셔서, 싱싱한 겉절이와 닭볶음탕으로 점심을 대접해 주셨습니다. 길 위에서 받는 한 끼의 식사는 단순한 '식사'가 아니라, 사람의 마음을 통째로 받아먹는 것 같은 위로였습니다.

이런 분들의 관심과 사랑에 감사한 마음을 전하고 싶습니다. 우리 아이들이 평생 잊지 못할 것이며, 또한 우리 아들들도 많은 사람에게 관심과 사랑을 줄 줄 아는 사람으로 자라날 것입니다.

교육의 중요한 재료 중 하나는 '관계'가 만들어 내는 분위기(atmosphere)

입니다. 길 위에서 마주친 타인의 선의는 아이들에게 "세상은 차갑다"가 아니라 "세상에는 따뜻한 사람이 있다"를 가르쳐 주었습니다. 그리고 그 경험은 단순한 감동을 넘어, 훗날 아이들이 누군가를 격려하고 환대하는 습관(discipline)으로 이어질 것입니다. 삶(life)은 이렇게 사람을 통해 배움을 완성해 갑니다.

국토 종단으로 복음의 통로가 되다

비록 코로나로 사람들의 경계심이 있기는 했지만, 길 위에서 우리를 응원하고 관심 가져 주는 분들이 적지 않다는 생각이 들자, 목사로서 가만히 있을 수가 없었습니다. 누군가 우리를 좋게 보고 있다면, 우리가 크리스천 가족이라는 사실을 당당히 밝혀 복음의 통로가 되어야 할 것 같았습니다.

가뜩이나 코로나 상황에서 한국 교회의 이미지가 실추되어 있던 때였습니다. 그렇다면 오히려 이 길 위에서, 아주 작은 방식이라도 한국 교회의 이미지를 조금이라도 회복하는 일에 보탬이 되고 싶었습니다. 그래서 우리는 국토 종단 깃발 아래에 전도용 깃발을 추가로 제작해 붙였습니다.

그 전도용 깃발에는 이런 문구들을 담았습니다.

"예수님 사랑해요."

"대자연 속에서 우리는 하나님의 사랑을 느껴요."

"여러분 예수님 믿고 구원받으세요."

교육은 지식의 전달을 넘어, 아이가 삶(life) 속에서 무엇을 사랑하고 무엇을 드러낼지 선택하게 하는 일입니다. 깃발 하나를 더 다는 일은 작은 행동이지만, 아이들 앞에서 "우리는 누구인가"를 분명히 고백하는 가정의 분위기(atmosphere)를 세우는 일이었습니다. 그리고 그 고백을 부끄러워하지 않고 자연스럽게 반복하는 것이야말로, 메이슨이 말한 훈련(discipline) — 삶의 자리에서 신앙을 살아 내는 습관 — 이 되었습니다.

아동 학대가 아닌 아버지 학대를 말하다

길을 걷고 있는 우리 4부자에게 관심 갖는 사람들의 질문은 거의 같았습니다.

"너희들 어디서 왔냐? 대단하다. 힘들지 않니? 아빠가 너희들 너무 고생시키는 것 같은데 괜찮니?"

그때마다 우리 아이들의 대답이 걸작이었습니다.

"아니요. 재미있어요. 힘들지 않아요. 그리고 우리가 힘든 게 아니라 아버지가 더 힘이 드세요. 아버지는 기계가 낡았고 우리는 쌩쌩한 새것이잖아요. 우리가 아버지 학대를 하고 있는 거예요."

52살 아버지의 버거움을 알아주는 우리 아들들의 생각을 엿볼 수 있어서 무척 고마웠습니다. '그 아버지의 그 아들'이라고, 우리 아들들이 국토종단을 하면서 멋진 사나이들로 변해 가고 있었습니다.

훈련(discipline)은 억지로 버티게 만드는 강압이 아니라, 서로를 읽고 배려하며 책임지는 습관으로 자랍니다. 이 질문과 대답의 순간은 아이들이 "나만 힘들다"에 갇히지 않고, 아버지의 무게까지 헤아릴 줄 아는 마음으로 자라났음을 보여 줍니다. 그리고 그 마음은 가정의 분위기

(atmosphere) 속에서 굳어져, 결국 삶(life)에서 드러나는 인격이 됩니다.

국토 종단 해 본 사람만 아는 행복이 있다

"고생 끝에 낙이 온다"는 말처럼, 밥맛은 배고픔이 결정하고 단잠은 피로가 결정되는 것 같습니다. 걷고 나서 먹는 밥은 꿀맛입니다. 메뉴를 가릴 필요가 없습니다. 가장 맛난 양념은 배고픔입니다.

아이들은 밥 두 그릇을 먹고도 한 공기를 더 주문해 나누어 먹었습니다. 반찬까지 설거지하듯 싹싹 비워 버립니다. 그리고 저녁에 숙소에 들어가 씻고 난 후의 개운함, 간혹 욕조가 있어 물을 받아 몸을 담글 때의 행복감은 저와 아들들에게 정말 꿀맛처럼 다가왔습니다. 그 맛은 국토 종단을 해 본 사람만 아는, 기가 막힌 맛입니다.

삶(life)의 교육은 이런 '감각의 정직함'을 회복시키는 데도 있습니다. 배고픔 뒤에 오는 한 끼, 피로 뒤에 오는 잠, 땀 뒤에 오는 씻음의 기쁨은 아이들에게 감사가 무엇인지 설명하지 않아도 가르쳐 줍니다. 행복은 더 많이 소유하는 데서가 아니라, 삶의 질서를 따라 성실히 걸은 뒤에 선물처럼 따라온다는 것을 몸으로 알게 합니다.

드디어 땅끝마을에 도착하다

23일간의 장도의 행군을 마치는 날 아침, 땅끝마을을 6킬로미터 앞에 두고 해남의 한 신문사 기자가 4부자의 행렬을 보고 인터뷰를 요청해 왔습니다. 우리는 흔쾌히 승낙하고 인터뷰에 응했습니다. 그리고 다음 주, 주간지에 우리의 도전 소식과 사진이 실렸습니다.

마지막 날은 발바닥은 성한 곳이 없고, 체력도 바닥이었습니다. 날씨까지 더웠습니다. 평소보다 훨씬 느린 속도였지만, 우리는 끝내 땅끝마을을 지나 더 이상 나아갈 수 없는 곳, "땅끝을 표시해 주는 기념탑" 앞에 서게 되었습니다.

사진 한 장을 찍고, 아이들과 함께 그동안 동행해 주신 하나님 아버지께 감사 기도를 드리는 것으로 일정을 마쳤습니다.

아이들에게는 '도착'보다 '동행'이 더 오래 남습니다. 끝에 서 보니, 우리가 이룬 것은 기록이 아니라 관계였고 성취가 아니라 감사였습니다. 샬롯 메이슨이 말한 교육의 열매가 결국 성품과 습관이라면, 이 땅끝의 기도는 아이들의 마음에 "끝까지 가는 법"과 "끝에서 감사하는 법"을 함께 새겨준 사건이었습니다.

잊을 수 없는 밤

송지마을의 허름한 모텔에서 뭉친 근육을 풀어 주겠다며 큰아들 유신이가 제 어깨와 발을 주물러 주던 밤이 있었습니다. 그때 유신이가 말했습니다.

"아버지, 우리가 여기까지 온 것이 믿기지 않아요. 우리끼리 가라고 했으면 절대 못 왔을 거예요. 힘들었지만 아버지 등만 보고 따라왔어요. 아버지 감사합니다."

저는 이렇게 대답해 주었습니다.

"나도 너희들 아니었으면 여기까지 못 왔을 것이다."

교육은 성취보다 관계를 남깁니다.

아이는 '내가 해냈다'보다 '아버지를 따라왔다'고 고백했고, 아버지는 '너희가 아니었으면 못 왔다'고 답했습니다. 이 밤은 국토 종단의 결론이기도 했습니다. 기록보다 동행, 업적보다 사랑의 습관이 남는다는 것 말입니다.

드디어 해남 땅끝에 서다

국토 종단으로 얻은 것

지식을 경험으로 얻다

우리 부자는 이제 "천 리 길도 한 걸음부터"라는 속담을 지식으로만 아

아버지를 가지라

는 것이 아니라, 경험으로 소유하게 되었습니다. 처음 시작할 때 그 길이 얼마나 까마득해 보였는지 모릅니다. 50년 넘는 세월 동안 감히 꿈도 꿀 수 없었던 1,300리 길이었습니다. 그러나 우리 부자가 떼어 놓은 한 걸음, 한 걸음 위에 그 까마득한 길이 마침내 정복되었습니다.

도저히 닿을 수 없는 거리처럼 보여도, 처음 마음을 변치 않고 그 마음으로 계속 가다 보면 반드시 목적지에 닿는다는 믿음을 우리는 경험으로 축적했습니다. 이것은 우리 아들들에게 인생의 어느 시기, 어떤 상황에도 적용할 수 있는 인생 공식이 되었습니다. 저는 52세가 되어서야 '천 리 길도 한 걸음부터'를 몸으로 알게 되었지만, 제 아들들은 12살, 10살, 8살에 이 진리를 몸으로 알게 되었습니다. 앞으로 아이들이 얼마나 자신감 있는 삶을 살아갈지 기대가 됩니다.

추억을 경험으로 얻다

우리 일생에서 부모와 함께할 수 있는 추억이 과연 얼마나 될까요? 국토 종단이야말로 부모와 자식이 고락을 함께하며 결코 잊을 수 없는 현재의 아름다운 행복이었고, 시간이 흐를수록 더욱 뿌듯해질 미래의 추억이 될 것입니다. 억만금을 주고도 얻을 수 없는, 결코 쉽지 않은 행복한 추억을 우리 네 부자가 갖게 되었습니다.

아이들이 달라졌다

국토 종단 중 형제들끼리 다툼이 없었던 것은 아닙니다. 오히려 길 위에서는 작은 감정도 쉽게 드러나고, 피로가 쌓이면 마음도 예민해집니다. 그런데 한 번씩 다녀오는 횟수가 늘어날수록 아이들이 달라졌습니다. 전체적으로 아이들이 차분해졌습니다. 변화하는 모습을 보고 아내가 "무슨 일이 있었냐?"고 물을 정도였습니다.

그저 걷는 동안 서로에 대해 더 알아 가는 시간이 되었던 것 같습니다. 제가 걷는 동안 끝없이 저 자신을 성찰하려고 한 것처럼, 아이들 역시 그랬던 것 같습니다. 아이들이나 어른이나 같은 것을 느끼는 영적 존재이기에, 길 위에서는 그 변화가 더 또렷하게 드러났습니다.

국토를 걸으면서 꿈을 키우다

지평선이 보이는 김제의 호남평야, 하늘 아래 잇닿아 있는 차령산맥과 노령산맥, 임진강·한강·금강·만경강·영산강을 눈으로 보고 발로 걸으며 입체적으로 느끼는데, 어찌 호연지기가 길러지지 않을 수 있겠습니까?

아이들은 북쪽에서 남쪽으로 내려오며 우리나라의 기후와 토양과 식생대가 얼마나 다른지 눈으로 확인할 수 있었습니다. 파주에서는 마늘 싹이 겨우 2센티미터로 올라와 있었는데, 일주일 사이 강경에 내려왔을 때는 30센티미터 이상 자라 있었고, 영암에서는 마늘을 수확하고 있었습니다. 경기도 쪽은 못자리도 안 했는데 정읍에서는 벌써 모내기가 한창이었고, 논산의 들판은 하얀색 비닐하우스의 바다가 펼쳐져 있었습니다. 반면 고구마를 심기 위해 두둑을 만들어 놓은 해남의 밭들은 붉은 황토 바다였습니다.

일찍부터 인류의 식량 위기 문제를 해결하겠다고 농업 연구원이 되는

아버지를 가지라

것이 꿈인 유신이는, 이런 우리나라의 자연생태 환경을 눈으로 보고 가슴에 새겼는지, 지나는 내내 처음 보는 풀이나 꽃의 씨를 채취하려고 했습니다. 국토 종단은 아이들 안에 '꿈이 자라는 자리'를 넓혀 주었습니다.

사람을 배우다

우리를 응원하는 사람들, 배척하는 사람들, 무관심한 사람들, 심지어 "쓸데없이 위험한 일을 한다"고 혼을 내는 사람들까지 — 같은 상황에서도 사람들은 이렇게 다양하게 반응했습니다. 그 모습을 보면서 우리 아이들은 사람의 생각이 얼마나 다를 수 있는지를 실감했습니다.

또한 경기도권에서의 말과 확연히 달라지는 충청도, 전라북도, 전라남도의 말을 들으며, 작은 한반도 안에 얼마나 다양한 사투리가 존재하는지도 알게 되었습니다. 특히 남도의 사투리는 일품이었습니다.

"워메~ 토깽이들만 치롬 워디를 그리 쏘다닌다냐?"

"뭐라고라~ 어디서 왔다고라~ 임진각? 워매 미처불겄네, 그게 참 말이당가~"

할머니들의 기가 막히다는 듯한 말을 들으며 우리는 한참이나 깔깔거리며 웃었습니다. 국토 종단이 아니면 어디에서 그런 구수한 사투리를 그렇게 생생하게 들어 볼 수 있었을까 싶습니다. 이 모든 것이 배움의 연속이었습니다. 이런 길을 걸으면서 생각이 깊어지고 마음이 영글지 않을 수 있었겠습니까?

고통 속에서 낙을 배우다

국토 종단의 험난한 고행이 아이들에게 얼마나 큰 즐거움이 되었는지, 일정이 끝난 지 일주일 후 유하의 제의와 형들의 동의로 우리는 숨 돌릴 겨를도 없이 국토 횡단에 나서게 되었습니다. 어떤 힘든 것도 이겨 내고, 어떤 두려움과도 맞설 수 있는 단단한 마음 — 그것이 우리 아이들이 얻은 가장 큰 소득이라 할 수 있습니다.

아이들 마음속에 "빨리, 쉽게"가 아니라 "꾸준히, 끝까지"가 인생의 키워드로 각인된 것입니다.

교육은 지식을 쌓는 일이면서 동시에 습관과 성품을 세우는 일입니다. 국토 종단은 아이들에게 '설명으로 배우는 교훈'이 아니라 '삶으로 새겨지는 진리'를 남겼고, 반복되는 걸음은 훈련(discipline)이 되어 마음의 근육을 길렀습니다. 그리고 그 과정 전체가 가족의 분위기(atmosphere)를 단단하게 세워, 아이들의 삶(life) 속에 오래 남는 배움이 되었습니다.

국토 종단의 간략한 일정

- 1회 차: 임진각에서 파주시 금촌역/금촌역에서 고양시를 지나 서울 구파발역
- 2회 차: 구파발역에서 석수역/석수역에서 수원역
- 3회 차: 수원역에서 오산역
- 4회 차: 오산역에서 평택역
- 5회 차: 평택역에서 충청남도 천안역
- 6회 차: 천안역에서 전의면 사무소/전의면 사무소에서 계룡시/계룡시에서 세종시/세종시에서 연무대
- 7회 차: 연무대에서 전라북도 삼례/삼례에서 금구
- 8회 차: 금구에서 정읍/정읍에서 백양사
- 9회 차: 백양사에서 전라남도 장성/장성에서 광주
- 10회 차: 광주에서 나주/나주에서 신북면사무소
- 11회 차: 신북면사무소/강진 성전면사무소/강진 성전면 사무에서 해남 대흥사
- 12회 차: 해남 대흥사에서 송지면사무소/송지면사무소에서 땅끝마을

★ 2월에 시작하여 한 달에 두 번 정도 나가는 일정으로 6월 마지막 주에 마침

경비

·11일간 숙박: 770,000원(하루 7만 원)
·식대: 1,656,000원(8,000원×69끼/아이들이 어려서 3명으로 계산)
·교통비: 470,000원
  – 주유비: 80,000원×5=400,000원
  – 전철: 9,000×6=54,000원
  – 열차비: 26,000원 한 번
  – 톨비: 7만 원
·간식비: 200,000원(음료와 아이스크림)
·깃발 제작: 40,000원
·총비용: 2,963,000원

아버지를 가지라

2.
국토 횡단

덤으로 이어진 국토 횡단

국토 종단을 마치고 일주일이 지날 무렵, 거실 벽에 붙어 있는 지도를 보고 있던 막내 유하가 물었습니다.

"아버지, 우리 또 걸으면 안 되나요?"

제가 "어디를 걸을까?" 하며 맞장구를 치자, 유신이가 제의했습니다.

"우리 서해에서 동해까지 걸어가요."

그러자 유민이도 "와! 재미있겠다!" 하며 가세했습니다. 이제는 동네 길이나 산책이나 하자는 생각뿐이던 아버지에게, 국토 횡단 제의는 또 한 번의 놀라움이었습니다. 그래서 얼떨결에 이런 말이 튀어나왔습니다.

"야, 여기 봐라. 이 태백산맥을 넘어야 된다. 이게 보통 힘든 일이 아니야. 종단하고는 비교가 되지 않을 만큼 어려울 거야. 우리가 알프스 산맥을 넘은 한니발이나 나폴레옹도 아니고… 그만두자."

저의 엄살에 막내 유하는 눈을 반짝이며 박수를 치더니 말했습니다.

"그럼 태백산맥 넘으면 우리가 나폴레옹이 되는 거야. 신난다!"

유신이는 더 단단했습니다.

"그렇게 어려우니까 우리가 도전해야지요. 우리가 아니면 누가 하겠어요. 아버지, 우리는 충분히 할 수 있어요."

결국 국토 횡단 역시 아이들의 제안과 선택, 그리고 다수결에 의해 결정되고 말았습니다. 처음에는 아버지가 아들들을 이끌었는데, 아이들이 자라면서 이제는 아들들이 아버지를 이끌게 되었습니다. 국토 횡단은 국토 종단이라는 '덤'에서 '보너스'로 이어진, 아들들과의 더 큰 축복이었습니다.

즉석에서 국토 횡단도 현실화되다

주저함 없이 국토 횡단을 결정한 우리는 그 자리에서 횡단 코스를 정했습니다. 우리 집에서 접근성이 좋은 아산만 방조제에서 출발해 대관령을 넘어 강릉 앞바다까지 가는 길이었습니다. 거리는 종단보다 훨씬 짧았지만, 난이도는 더 높을 것으로 예상했습니다. 특히 강원도 원주에서부터 대관령 정상까지는 계속 오르막이라는 사실을 서로 확인하며 마음을 단단히 먹었습니다.

그리고 횡단을 위한 훈련이나 특별한 준비 없이, 아버지가 시간 되는 대로 곧바로 시작하기로 했습니다. 우리 아들들에게는 이미 충분한 체력과 노하우가 있었기 때문입니다. 코로나로 인해 금요 기도회를 계속 중단하고 있던 상태였기에, 우리는 그 주 금요일에 곧바로 시작할 수 있었습니다.

이렇게 하여 우리 아들들에게 역사적인 국토 횡단은 고민 한 번 하지 않고 급하게 시작되었습니다. 선물용 상자를 싸는 노란색 보자기를 급조

해 깃발을 만들어 가방에 매단 것이, 그나마 준비라면 준비였습니다.

아이들의 제안으로 길이 시작되고, 가족이 함께 다수결로 결정을 내리고, 필요한 만큼만 준비해 곧바로 발을 내딛는 이 과정은 '삶(life)의 교육'이 무엇인지 잘 보여 줍니다. 샬롯 메이슨이 말한 훈련(discipline)은 거창한 계획이 아니라, 결정을 실행으로 옮기는 꾸준함이며, 그 꾸준함은 가정의 분위기(atmosphere) 속에서 더 즐겁고 단단해집니다.

종단길보다 안전한 횡단길

국토 횡단을 시작한 날은 새벽부터 폭우가 쏟아졌습니다. 그러나 어떤 난관에서도 국토 종단을 해낸 우리에게 비는 문제가 되지 않았습니다. 비옷을 입은 우리는 아산만 방조제 기념공원을 아침 8시 30분에 출발하여, 안성천을 따라 거침없이 걸었습니다. 이미 자전거 하이킹으로 익숙한 길이었고, 비가 와서 사람도 자전거도 다니지 않아 오롯이 우리만의 길로 즐길 수 있었습니다.

다만 아쉬움도 있었습니다. 횡단하는 동안 호젓한 천변길은 아산·평택 구간을 제외하고는 거의 없었다는 점입니다. 물론 조금 더 북쪽으로 올라가 인천을 출발점으로 삼는다면 한강을 따라 춘천까지 이어지는 천변길이 있을 수 있겠으나, 아산만을 출발점으로 잡으면 천변 구간은 사실상 한 곳뿐이었습니다.

그럼에도 우리가 택한 동서 횡단길은 남북으로 이어진 종단길보다 안전했습니다. 앞에서 서술한 대로 대부분의 보행은 차도를 이용해야 하기에 길 가장자리를 걸어야 하는데, 남북으로 이어진 길들은 차선 밖에 남은 폭이 좁았습니다. 여유가 없다 보니 차선 안쪽으로 들어가지 않도록 상당히 긴장하고 걸어야만 했습니다.

그런데 횡단길은 가장자리의 폭이 종단길보다 훨씬 넓었습니다. 특히 강원도로 진입하면서는 그 폭이 배 이상 넓어져 운신의 폭이 훨씬 커졌습니다. 더 안전하게 느껴졌던 이유 가운데 하나는 교통량이 적다는 점도 작용했습니다. 횡성을 지난 후에는 차량이 드문드문 다니는 정도였기에, 우리는 차도였지만 신나게 노래하며 장난치면서 다닐 수 있었습니다.

훈련(discipline)은 무모함이 아니라 분별과 설계입니다. 같은 '도보'라도 어떤 길을 선택하느냐에 따라 안전이 달라집니다. 아이들이 종단과 횡단의 차이를 몸으로 알게 된 것은, 앞으로 인생의 길에서도 두려움에 멈추기보다 지혜롭게 선택하며 걸어갈 수 있는 '삶(life)의 판단력'을 기르는 시간이었습니다.

　　　　　　　　　　　　　　　　아버지를 가지라

태백산맥의 위용에 압도당하다

아산에서 횡성까지의 구간을 걸을 때만 해도 종단과 횡단의 차이를 전혀 느낄 수 없었습니다. 그러나 횡성을 지나면서 드디어 우리는 종단과 횡단의 확연한 차이를 실감하기 시작했습니다. 어둠이 가시지 않은 새벽, 횡성 읍내를 출발한 지 2시간이 지날 무렵부터 길은 오르막으로 이어졌습니다. 우리는 "고개 하나 넘나 보다" 하고 생각했습니다. 아이들은 쌩쌩했고, 가을의 정취가 묻어나는 산야는 아름답기만 했습니다.

토요일 아침이라 휴일을 즐기기 위해 도시에서 출발한 대형 오토바이라이더 무리들이 계속 우리를 추월해 갔습니다. 그런데 이상한 현상이 일어나고 있었습니다. 첩첩산중이다 보니 오토바이들이 산모퉁이를 돌고 나면 소음이 사라졌다가, 다시 들리기를 두세 번 반복한 후, 고개 정상을 넘어가면 소리가 완전히 사라지고 마는 것이었습니다. 이는 종단할 때 계룡산 고개를 넘을 때, 또 내장산 고개를 넘을 때도 확인했던 일이었습니다.

그런데 이번에는 달랐습니다. 오토바이 소음이 두세 번이 아니라 헤아릴 수 없이 사라졌다가 들리기를 반복했습니다. 그 반복은 "아직 고갯길의 끝이 멀다"는 표시였습니다. 벌써 고갯길에 진입한 지 1시간이 훨씬 지났고, 우리는 지쳐 가고 있었습니다. 힘들어하는 아이들에게 "한 모퉁이만 돌면 정상일 거야" 하며 다독이고 전진했지만, 7~8대의 오토바이 무리들이 지나가도 여전히 끝나지 않는 메아리가 계속되었습니다.

그때부터 우리는 드디어 한반도의 등줄기인 태백산맥과 마주하고 있음을 실감할 수 있었습니다. 다섯 번의 휴식 끝에 기진맥진한 상태로 마침내 고갯길 정상에 올랐을 때, 그곳에는 이런 표지판이 서 있었습니다.

'황고개 10킬로미터 정상'

이 표지판이야말로 태백산맥의 위용을 보여 주는 대표주자 같았습니다. 우리나라에서 가장 큰 산인 지리산이나 설악산 대청봉 구간도 10킬로미터 이상이라고 해도 오르막과 내리막이 섞여 있습니다. 그런데 오롯이 10킬로미터를 '계속 올라가는' 구간은 태백산맥이 아니고서는 경험하기 힘든 길이었습니다.

그리고 더 놀라운 점이 있었습니다. 보통 고갯길이라면 올라간 만큼 내리막이 있어야 하는데, 황고개 정상은 그렇지 않았습니다. 정상에서 약간 비스듬하게 평평한 구릉이 펼쳐지다가, 다시 급격한 고갯길이 나오는 것이 반복되며 대관령 휴게소까지 80킬로미터 이상 이어졌습니다. 그러니까 태백산맥의 정상을 서쪽에서 올라가려면, 200백리(약 80킬로미터)를 오르막으로만 걸어야 한다는 말입니다.

우리는 귀로만 듣고, 지도로만 보았던 한반도의 등줄기 태백산맥의 위용을 온몸으로 느끼며, 정말 한니발과 나폴레옹이 되어 있었습니다.

아이들은 '설명'보다 '현상'으로 배웁니다. 소리가 사라졌다가 다시 들리는 반복, 끝나지 않는 오르막의 길이, 몸의 피로가 말해 주는 진실 — 이 모든 것이 태백산맥을 '지리 지식'이 아니라 삶(life)의 경험으로 새겨 주었습니다. 그리고 그 경험을 끝까지 통과해 낸 것이 곧 훈련(discipline)이며, 그 훈련은 아이들의 마음에 "어려움은 피할 대상이 아니라 통과할 대상"이라는 믿음을 남겼습니다.

난로가 되어 준 터널

겨울의 문턱에 들어서자 태백산맥은 벌써 한겨울 맹추위 속에 있었습니다. 햇볕이 쨍쨍한 날씨인데도 갑자기 눈발이 흩날리는 이상한 날씨가 반복되었습니다. 둔내에서 아침 7시에 출발했을 때 휴대폰에 표시된 온도는 영하 11도였습니다. 옷을 단단히 입었음에도 발이 끊어지는 듯이 아프고, 거센 바람이 지나갈 때마다 온몸이 와들거렸습니다. 몸에 열이 많은 막둥이조차 손발이 시렵다고 아우성이었습니다.

첩첩산중인지라 10시가 되어야 햇빛의 기운을 제대로 받을 텐데, 너무 일찍 나와 버렸습니다. 도저히 해발 1,261미터에 이르는 태기산 고갯길을, 3시간 이상 걸어 넘어가는 것은 무리였습니다. 그래서 우리는 땅속으로 통과하기로 했습니다. 이미 국토 종단을 하면서 작은 터널들을 경험했기에, 별 두려움 없이 터널 안으로 진입할 수 있었습니다.

터널은 양쪽으로 갓길이 넓었고, 차도보다 50센티미터에서 1미터 이상 높은 계단 턱의 수로 길이 있어 인도를 걷는 것만큼 안전하다는 느낌이 들었습니다. 2.8킬로미터의 터널 안으로 들어서자 땅속은 추위를 전혀 느낄 수 없을 만큼 훈훈했습니다. 30분 동안 걸어 나오는 동안 몸을 다 녹이고도 남았습니다. 온몸을 얼어붙게 하는 추위 앞에서, 시끄러운 자동차 소음은 전혀 문제가 되지 않았습니다. 우리 아이들에게 터널은 캄캄하고 무서운 곳이 아니라, 추위를 물리치게 해 준 난로로 기억될 것입니다.

삶(life)의 교육은 '예상치 못한 변수를 어떻게 통과하는가'를 가르칩니다. 터널은 단지 지름길이 아니라, 상황을 분별하고 안전을 확보하는 지혜였고, 그 지혜를 선택하는 과정이 곧 훈련(discipline)이었습니다.

준비 과정의 소중함

비록 한 달에 두 번 나가 2~3일씩 걷는 일정이었지만, 52세의 나이에 무리가 되었던 것 같습니다. 장평에서 일찍 출발해 30여 분을 걸었을 때, 왼쪽 고관절 부분이 '뜨끔'하는 통증이 오더니 걸을 때마다 통증이 계속되었습니다.

버스 정류장에 앉아 잠시 쉼을 갖기로 하고, 아이들 손에 들려 있던 손난로 두 개를 통증 부위에 대어 놓았습니다. 느낌상 크게 잘못된 것은 아닌 것 같았고, 영하 10도의 추위 속에서 몸이 풀리지 않아 생긴 현상으로 느껴졌습니다. 새벽에 나오기 전에 숙소에서 충분히 몸을 풀고 근육을 뜨겁게 하고 나왔어야 했는데, 그만 깜박 잊어버렸던 것입니다.

손난로로 한참 찜질하고 나니 통증이 훨씬 가라앉았습니다. 주변에서 지팡이로 쓸 만한 막대기를 구해 아픈 다리 쪽을 지탱하며, 계획된 남은 일정을 걸을 수 있었습니다. 집에 돌아와 병원에서 진단받은 결과 이상은 없었습니다. 이 경험 덕분에 남은 일정 동안은 숙소를 떠나기 전에 스트레칭으로 근육을 충분히 이완시키는 것을 잊지 않을 수 있었습니다.

훈련(discipline)은 '더 강하게'가 아니라 '더 지혜롭게' 걷게 합니다. 몸을 돌보는 준비는 사치가 아니라 지속을 위한 질서입니다. 아이들은 아버지의 실수와 회복을 통해, 삶(life)은 준비로 지켜진다는 것을 배웁니다.

폭우 속에서 잠시 휴식 중

고마운 장평 모텔

온종일 걷고 나면 몸이 파김치가 되는 것은 둘째 치고, 근육들이 굳어 버리는 느낌이 듭니다. 아마도 근육이 감소하고 퇴화하는 50대 중년에 접어든 지 한참이라서 그럴 것입니다. 그래서 온몸을 물에 담그고 싶은 마음이 간절해지는데, 대부분의 숙소에는 욕조 없이 샤워부스만 설치되어 있어 아쉽기만 했습니다. 어쩌다가 욕조를 만나게 되면, 그날은 정말 물고기가 물을 만난 듯 행복해졌습니다.

강원도 평창군 장평면 면 소재지에 있는 '장평모텔'은 트레킹하는 분에게 적극 추천드리고 싶을 만큼 좋은 숙소였습니다. 이 모텔은 1층에서 목욕탕을 겸업하고 있었는데, 숙소 비용만 지불하면 사우나는 공짜였습니다. 사우나가 작지만 갖출 것은 다 갖추어져 있었고, 탕의 물은 뜨근뜨근하여 나그네의 뭉친 근육을 확 풀어 주었습니다.

아이들치고 물을 좋아하지 않는 아이들이 없겠지만, 우리 아이들은 정말 좋아합니다. 저는 온몸의 근육을 풀고, 아이들은 탕에서 수영하며 놀수 있었습니다. 그리고 다음 날 새벽에 일어나자마자 또 가서 목욕을 했습니다. 주인 아주머니도 친절하시고, 숙소에는 전자레인지부터 여러 시설들이 잘 갖추어져 있었는데도, 강원도 지역의 다른 곳보다 가격도 저렴해서 제가 미안할 정도였습니다.

그날 우리는 따뜻하게 몸을 녹이고, 여러 가지 음식을 모텔 방에 깔아 놓고 축제를 벌였습니다.

진부하게 이 이야기를 쓰는 이유는, 줄기차게 걷는 지루한 일상 속에서 이런 행복한 추억거리가 아이들에게 새로운 동력이 되기 때문입니다. 아들들에게 '장평모텔'이 얼마나 좋았던지, 국토 횡단을 마치고 돌아오는 길에 일부러 들러 하룻밤 묵고 놀다 왔습니다. 살아가면서 아버지와 함께했던 이런 장소가 있다고 한다면, 이 또한 행복이라 할 수 있지 않을까요?

참고로 강원도 지역은 숙박비가 천차만별이었습니다. 똑같은 크기에 비슷한 시설인데도 5만 원에서 18만 원까지, 가격 차이가 너무 커서 놀라웠습니다.

삶(life)의 교육은 고난만으로 구성되지 않습니다. 쉼도 교육입니다. 잘 쉰 다음 다시 걷는 법을 배우는 것, 그 균형 자체가 훈련(discipline)입니다. 아이들은 "걷는 여행" 안에서 "쉬는 기쁨"도 함께 배웁니다.

대관령 옛길

동짓달의 추위가 기승을 부리던 12월 6일, 우리는 드디어 대관령 정상 탑에 올랐습니다. 아침에 횡계를 출발해 몸서리치는 추위와 싸우며 정상에 올라, 이제 내려가야 할 동쪽을 바라보니 검은 운해가 시야를 덮어 버렸습니다. 대관령 서쪽인 영서 지방은 햇볕이 쨍쨍한데, 동쪽인 영동은 비가 내리고 있었습니다.

준비한 우비를 꺼내 입은 우리는, 일제강점기 대관령 길이 뚫리기 전 수천 년 동안 영동과 영서를 이어 주던 '대관령 옛길'로 길을 잡고 내려오기 시작했습니다. 가을을 배웅한 낙엽들이 발목까지 덮어 버리는 산길을 헤쳐 내려오며 우리는 여러 번 넘어졌습니다. 아래로 내려올수록 빗방울은 굵어졌고, 신발에는 물이 가득 들어찼습니다.

그런데도 다행인 것은 전혀 춥지 않았다는 점입니다. 서쪽의 맹추위가 아직 대관령을 넘어서지 못해서인지, 몸은 생쥐 꼴처럼 비에 홀딱 젖었지만 추위와는 상관없이 오히려 시원하기까지 했습니다.

저는 아들들에게, 대관령에 길이 생기고부터 이 길을 넘어 다녔을 수많은 사람들을 생각해 보자고 했습니다. 그리고 우리 역시 길손에 불과한 인생이라는 사실 앞에서 겸허해져야 한다는, 제법 철학적인 이야기를 짬짬이 들려주며 태백산맥을 관통하는 횡단을 마칠 준비를 하고 있었습니다.

자연은 가장 오래된 교사입니다. 낙엽, 비, 운해, 옛길의 시간은 아이들에게 '역사'와 '인생'을 동시에 가르칩니다. 메이슨이 말한 삶(life)의 교사는, 이런 순간에 가장 크게 말합니다.

강릉 안목항 방파제

12일간의 일정을 끝으로 우리는 강릉시 안목항에서 동해를 만날 수 있었습니다. 잿빛의 서해와는 다른 푸른빛의 동해 앞에 도착했을 때, 우리는 "드디어 다 해냈다"는 성취감과는 달리, "더 이상 나아갈 곳이 없다"는 서글픈 마음에 사로잡혔습니다.

막연하게 알고 있던 내가 살고 있는 땅, 나의 조상들이 살았고 또 나의 후손들이 살아갈 땅의 실제 크기와 현실을 비로소 알게 된 것입니다. 넘실대는 바다를 바라보며 유하가 물었습니다.

"아버지, 이제 어디를 걸어야 하나요?"

저는 주저 없이 말해 주었습니다.

"이제 더 넓은 세상을 걷거라."

내뱉고 나니, 하나님께서 더 넓은 세상을 향해 나아가게 하시려고 우리 부자를 국토 종단과 횡단으로 이끄신 뜻이 아닐까 하는 생각이 들었습니다.

대관령을 넘으며

끝은 멈춤이 아니라 방향 전환입니다. 메이슨이 말한 교육의 목표는 아이가 '어디까지 가 봤는가'가 아니라, '앞으로 어떻게 살아갈 것인가'입니다. 동해 앞에서의 질문과 대답은, 아이들의 삶(life)이 이제 더 넓어질 것을 예고하는 한 문장이었습니다.

국토 횡단으로 얻은 것

절대적 경험을 얻다

우리 아이들은 쉽게 접할 수 없는 어마어마한 경험을 얻었습니다. 그 경험은 곧 자신감으로 이어질 것입니다. 결코 삶의 고난 앞에 굴하지 않고, 당당히 맞서 싸울 것입니다. 우리 아들들의 몸과 의식 속에는 국토를 누볐던 경험이 마치 커다란 DNA처럼 심겨 있음을 저는 의심하지 않습니다. "우리는 해 봤다"는 기억은, 시간이 갈수록 아이들 안에서 더 단단한 믿음과 담대함으로 자라날 것입니다.

단단해진 마음과 체력을 얻다

국토 종단 이후에도 우리는 계속 함께 걷고, 함께 운동하며 시간을 보내고 있습니다. 이제 우리 아이들에게 낮이든 한밤중이든 10킬로미터 걷는 일은 옆집 놀러 가는 정도로 느껴질 만큼, 활동 반경이 넓어졌습니다. 대학생이나 중·고생들과 축구 시합을 하면, 우리 아들들의 지칠 줄 모르는 체력에 모두 감탄합니다. 비록 키는 아직 작고 몸집도 왜소하지만, 대추방망이 같은 단단한 체력이 확실히 자리 잡았음을 확인합니다. 몸이 단단해지니 마음도 단단해졌습니다. 아이들은 이전보다 훨씬 오래 집중하고, 훨씬 잘 견딥니다.

큰 스펙을 얻다

국토 종단과 횡단을 하면서 유신이와 유민이는 "종단 일지와 횡단 일지"를 사진과 함께 기록해 두었습니다. 이것은 아들들에게 자랑스러운 유형의 큰 스펙이 될 것입니다. 무엇보다 그 기록은 남에게 보여 주기 위한 장식이 아니라, 아이들 스스로 자기 경험을 정리하고 의미를 붙인 성장의 증거입니다.

국토 종단 5일째

- **날   짜:** 2021. 3. 19.
- **구   간:** 수원역부터 서정리역까지 총 26킬로미터
- **걸린 시간:** 8시간 20분
- **구간 특징:** 사람이 잘 다닐 수 있도록 인도가 잘 조성되어 있다.
- **숙   박:** M 모텔
- **식   사:** 아침 김치찌개, 점심 칼국수, 저녁 옛날 통닭
- **경   비:** 37,000원
- **느 낀 점:**

정조 임금이 세운 수원 화성의 아름다운 문을 뒤로하고 아침 8시에 출발하여 11시 오산 유엔 초전비 기념박물관에 도착하였다. 6·25전쟁 때 제일 먼저 달려와 싸운 스미스 부대를 기리는 장소였다. 박물관에는 그때 싸웠던 우리나라 할아버지들의 사진도 걸려 있었는데 가슴이 뭉클했다.

일지 예시

자기 주도적 인생을 얻다

무엇보다 큰 열매는 아이들이 자기 주도적으로 변했다는 점입니다. 이제 우리 아들들은 스스로 움직일 줄 알고, 챙겨 주지 않아도 스스로 선택하고 준비할 줄 알게 되었습니다. 산을 가든 자전거 하이킹을 나가든, 자

기들이 계획하고 자기들이 주도하며 자기들이 책임질 줄 아는 아이들이 되었습니다.

집 안에서도 마찬가지입니다. 시키지 않아도 세 아들이 수시로 실내 청소와 화장실 청소를 하고, 쓰레기를 버리고, 설거지를 합니다. 저는 거의 손을 놓고 있습니다. 지난 시간 아버지가 준 보상을 이제 톡톡히 받는 기분입니다.

벌써 아버지를 넘어서고 있다

성과에 있어 가장 중요한 것은, 이 모든 경험이 아들들에게 '힘든 의무'가 아니라 '너무 즐거운 활동'으로 기억되고 있다는 사실입니다. 그래서 아이들은 교회의 친구 3명과 누나 1명까지 설득해, 그 이듬해에 다시 국토 종단에 도전했습니다. 그리고 또 한 번, 다시 완주했습니다.

거기서 끝이 아니었습니다. 아이들은 "경상도를 가 보지 못했다"며, 영남과 호남의 분기점인 세종시에서부터 부산 영도 앞바다까지도 걸었습니다. 이제 아이들의 발걸음은 '우리 가족의 도전'을 넘어, '더 넓은 땅을 향한 갈망'으로 자라나고 있었습니다.

넝쿨식물인 호박이나 오이는 지지대가 잡아 주는 방향대로 자랍니다. 그러나 어느 순간부터는 그 지지대를 넘어, 햇빛을 향해 스스로 뻗어 나가며 튼실한 열매를 맺어 갑니다. 저는 아들들에게 그저 지지대 역할을 했을 뿐인데, 벌써 아이들이 자라나 아버지의 체력과 생각을 넘어서는 모습을 보고 있습니다.

교육의 열매는 '부모의 성취'가 아니라 '아이의 자발성'입니다. 부모가 길을 열어 주되, 아이가 스스로 선택하고 확장해 가는 순간 ― 바로 그때 교육은 완성의 방향으로 나아갑니다. 아이들이 "또 걷자"고 말할 때, 우리는 이미 다음 세대로 건너가는 생명의 교육(life)을 보고 있는 셈입니다.

국토 횡단의 간략한 일정

· 1회 차: 아산 방조제에서 송탄/송탄에서 용인시 송전면
· 2회 차: 용인 송전에서 용인 양지/용인 양지에서 이천시 부발읍/이천시 부발읍에서 강원도 문막읍/강원도 문막읍에서 원주시
· 3회 차: 원주시에서 횡성군/횡성군에서 둔내면
· 4회 차: 둔내면에서 장평면/장평면에서 진부
· 5회 차: 진부에서 횡계/강릉 안목항

★ 7월 둘째 주에 시작하여 12월 둘째 주에 마쳐, 총 12일을 걸었습니다.

경비

· 8일간 숙박: 560,000원(하루 7만 원)
· 식대: 280,000원(8,000원×35끼/아이들이 어려서 3명 기준)
· 교통비: 202,500원(주유비/버스비/톨비 포함)
· 간식비: 120,000원(음료와 아이스크림)
· 깃발 제작: 보자기로 자체 제작
· 총비용: 1,054,500원

4장.

14년의 신체 활동을
마무리하며

1.

황금률

아들들을 위해 시간을 내고 삶을 내어 준다는 생각을 할 때, 저는 이것을 '희생'의 차원으로만 여겼습니다. 그러나 12년을 지나고 나서야 알게 되었습니다. 제가 준 것보다 제가 받은 것이 더 크고 귀했다는 사실을 말입니다.

> "그러므로 무엇이든지 남에게 대접을 받고자 하는 대로
> 너희도 남을 대접하라 이것이 율법이요 선지자니라."(마 7:12)

흔히 이 말씀을 황금률이라 부르는데, 이 진리는 사회적 관계에서만 확인되는 말씀이 아니었습니다. 아버지와 자식 사이에서도 ─ 가정이라는 가장 가까운 관계에서도 ─ 놀랍도록 정확하게 확인되는 말씀이었습니다.

건강한 신체는 아버지와 아들들의 몫

정규 일과를 마치고 퇴근한 뒤, 40대의 시간을 오롯이 자녀들의 신체 활동을 위해 나누어 준다는 것은 쉽게 도전하기 어려운 일입니다. 그러나 아들들의 신체 활동을 위해 쏟아부은 40대의 시간이 지나고 나서야 저는 한 가지 사실을 깨달았습니다.

저는 아이들만 건강하게 만들었다고 생각했습니다. 군더더기 살 하나 없이 균형 잡힌 몸, 단단한 체력을 선물해 준 줄로만 알았습니다. 그런데 아니었습니다. 그 꾸준한 신체 활동이, 56세가 된 지금의 저에게도 고혈압과 당뇨와 비만 없이 건강을 유지하게 해 준 비결이었습니다. 아이들을 위해 시작한 시간이, 결국 아버지에게도 돌아온 것입니다.

중년의 체력은 아이들과 신체 활동으로

사람들은 우리 아들들을 보며 '탱크'라고 합니다. 체력적인 면에서 매우 우수하기 때문입니다. 특히 세 아이 모두 달리기가 굉장히 빠릅니다. 이 것은 당연한 결과입니다. 꾸준히 뛰고 걷고 움직이며 자란 아이들인데, 체력이 남다르지 않을 수 없습니다.

그런데 더 놀라운 것은, 아이들의 신체 활동을 도왔던 저 역시도 지금 체력적인 면에서 타의 추종을 불허할 만큼 좋다는 점입니다. 현재는 코로나로 중단되었지만, '총신대학 신학대학원 총동창회 체육대회'에서 22년 동안 우승할 수 있었던 이유를 제 동기 목사들은 제 '변하지 않는 운동 실력'이라고 입을 모읍니다.

건강한 신체에 건강한 정신이 깃들어서인지 매사 자신감도 좋습니다. 중년의 초입으로 들어가며 아들들과 함께한 신체 활동은, 자녀 교육을 넘어 저를 지켜 준 축복이었습니다.

아내의 남편 사랑은 덤으로 아이들 챙기느라 지쳐 있는 아내에게, 제가 아이들을 데리고 나가는 그 시간은 집 안을 정리하기도 하고 쉬기도 하는 시간입니다. 대개 홈스쿨 가정에서 엄마의 위치는 '슈퍼우먼'입니다. 반복되는 일상, 티도 잘 나지 않는 집안일, 거기에 더해 홈스쿨 지도까지 — 벅찬 일상의 연속입니다.

그런 아내에게 아이들을 분리해 신체 활동을 하는 시간은 말 그대로 꿀맛이 됩니다. 월요일 하루 종일 바깥에서 보내는 시간은 아내에게 숨 돌릴 수 있는 자유 시간이 되고, 국토 종단처럼 며칠씩 밖에 나가 있을 때는 아내에게 온전한 휴가가 됩니다.

그러니 아내가 남편을 사랑하지 않는다는 것은 오히려 불가능한 일일 것입니다. 우리 가정은 이런 표현을 씁니다.

"엄마 만사성. 엄마의 행복은 곧 우리 모두의 행복이다."

자녀를 사랑하기 위해 시작한 아버지의 신체 활동으로 아내는 행복해졌고, 남편은 아내로부터 더 깊이 사랑받게 되었습니다. 하나님께서 가정에 주신 질서가 이렇게 아름답게 맞물려 돌아가고 있음을, 저는 12년을 지나며 분명히 보게 되었습니다.

샬롯 메이슨이 말한 교육은 '아이만을 위한 프로젝트'가 아니라, 가정 전체의 분위기(atmosphere) 속에서 함께 자라는 삶(life)의 사건입니다. 아버지가 시간을 내어 아이들과 몸을 움직이는 습관(discipline)은 아이들의 체력만이 아니라, 아버지의 건강과 아내의 숨 쉴 틈까지 함께 세워 주었습니다. 결국 교육은 가정을 피곤하게 만드는 일이 아니라, 가정을 더 건강하게 만드는 일이 될 수 있습니다.

아버지를 가지라

2.
남은 것은 습관과 관계였다

14년을 돌아보며 결론을 한 문장으로 말하라면 이것입니다. 남는 것은 '기술'보다 '습관'이었고, '성과'보다 '관계'였습니다. 우리는 대단한 운동선수가 되기 위해 달린 것이 아니었습니다. 우리의 목표는 기록이 아니라 동행이었고, 근육이 아니라 인격이었습니다. 그런데 하나님께서는 우리가 바라보지 못했던 열매들까지, 덤으로 얹어 주셨습니다.

아버지의 인내가 아이들의 세계가 되었다

신체 활동의 핵심은 대단한 프로그램이 아니었습니다. 놀이터에서 1시간 반, 운동장에서 2시간, 천변길에서 한 바퀴 — 그 반복을 가능하게 한 것은 결국 아버지의 인내였습니다. 아이들은 그 인내 위에서 자랐습니다. 그리고 시간이 지나며 알게 되었습니다. 아이들에게는 '무엇을 했는가'보다 '누가 함께했는가'가 더 오래 남는다는 것을 말입니다. 아이들이 기억하는 것은 종목보다도, 아버지의 얼굴과 숨소리와 기다림이었습니다.

훈련이 아니라 '놀이의 품'에서 자랐다

혹시 누군가는 묻고 싶을지도 모릅니다. "그거 훈련 아닙니까? 강압적인 훈육 아닙니까?" 그러나 우리가 해 온 신체 활동은, 아이를 몰아붙이는 훈련이 아니라 놀이의 품에서 자라난 질서였습니다. 억지로 끌고 간 적이 없다고 하면 거짓말이겠지만, 방향은 늘 같았습니다. "버텨!"가 아니라 "함께 가자."

그 말 한마디가 아이들에게는 압박이 아니라 안전이 되었고, 두려움이 아니라 도전이 되었습니다.

관계가 먼저 서면, 교육은 따라온다

아이들의 마음이 닫혀 있을 때는 무엇을 해도 교육이 되지 않습니다. 반대로 마음이 열려 있을 때는 일상 전체가 교육이 됩니다. 우리가 함께 걷고 뛰고 넘어지고 웃으며 쌓아 온 시간은, 결국 아이들의 마음을 열었습니다. 관계가 먼저 서니, 훈련이 부담이 아니라 습관이 되었고, 습관이 쌓이니 인격이 자라났습니다. 홈스쿨의 장점은 여기에 있습니다. 교실 밖의 삶이 곧 교실이 되기 때문입니다.

작게 시작하고, 크게 지속하라

많은 아버지들이 시작하지 못하는 이유는 거창하게 생각하기 때문입니다. "무슨 종목을 가르쳐야 하지?" "어떻게 계획을 짜야 하지?" 그런데 12년을 지나 돌아보니 답은 단순했습니다. 작게 시작하고, 크게 지속하는 것.

일단 나간다, 매주 같은 시간에 반복한다, 아버지가 먼저 즐긴다

이 세 가지만 지켜도, 아이들의 몸은 달라지고 마음은 달라집니다. 그리고 놀랍게도 아버지 자신이 먼저 살아납니다.

광주 5·18 탑 앞에서

3.
소소한 행복

아이들이 어린 시절에는 부모가 절대적으로 필요한데 부모가 놀아 주질 못하고, 나이 들어서는 부모에게 자녀가 필요한데 자녀들이 함께해 주지 않는다는 말이 있습니다. 공감과 소통이 부재한 세대의 아픔을 담고 있는 말입니다.

소통과 교감이 부재한 가정 현실

저는 부부 공감을 빼놓고, 그다음으로 이루어져야 하는 것이 부모와 자녀의 공감이라고 생각합니다. 부모와 자녀가 같은 공간에서 최소 20년 이상 함께 밥을 먹고 살아도 소통과 공감이 이루어지지 않는 이유는, 결국 시간을 농밀하게 쓰지 않기 때문일 것입니다.

한 공간 안에서 서로 다른 일을 합니다. 엄마는 거실에서 드라마에 빠져 있고, 아빠는 늦게 들어오든지, 일찍 들어와도 방에서 스포츠 중계를 보고 있습니다. 자녀들은 방에서 유튜브를 봅니다. 밥 먹을 때 외에는 한

아버지를 가지라

자리에 앉지 않습니다. 그나마도 자녀들이 크면 일주일에 한두 번밖에 식사 자리가 없다고 합니다.

이렇게 세월이 20년이 지나고 나면 자녀들은 빈 둥지만 남기고 날아간 새처럼 부모 곁을 떠나갑니다. 전혀 소통과 공감이 이루어지지 않은 채 말입니다. 부모에게 남는 것은 '빈 둥지 증후군'이라는 외로움이고, 부모와도 소통과 공감을 이루어 보지 못한 자녀들은 정글 같은 사회 속에서 절망과 고독을 느끼며 힘겨워합니다.

모든 부모가 자녀를 잘 길러 내기 위해 애쓰는 이유는, 자녀를 붙잡아 두기 위해서가 아니라 잘 떠나보내기 위해서입니다. 그런데 정작 그것이 잘 이루어지지 않는 것입니다.

노후 준비는 정서 준비다

12년을 함께해 온 우리 아들들과의 신체 활동에서 얻은 것이 많지만, 그중 가장 큰 것은 소통과 교감이었습니다. 작은 공간을 넘어 큰 공간으로까지 거침없이 함께 나아가면서, 아들들은 아버지의 책임감 있는 행동들을 통해 아버지를 이해하게 되었습니다. 상황에 따라 다양한 감정의 교감이 끊임없이 오고, 아버지는 아들들의 마음을 읽어 주며, 아들들은 아버지를 읽어 주는 계기가 만들어졌습니다.

함께 활동함으로써, 아버지가 절대적으로 필요한 시기의 아들들에게 아버지를 충분히 주었습니다. 그 결과가 소통과 교감인 것은 어쩌면 당연한 일입니다.

아이들은 제가 읽는 책과 제가 만나는 사람들에게 지대한 관심을 가지고 미주알고주알 묻습니다. 자기들의 사소한 일도 주저하지 않고 이야기하며, 아버지에게 도움이나 조언을 요청합니다. 외출하고 들어오면 서로 일일이 이야기를 해야 직성이 풀릴 정도로, 저와 아들들은 소통과 교감을 활발하게 나눕니다.

어느 날 집단 상담에서 한국신학대학교 최명균 심리학과 교수님께서 "노후 준비는 재정 준비가 아니라, 부모 자식 간의 정서 준비가 먼저다"라고 말씀하셨는데, 저는 요즘 이 말을 더욱 실감하고 있습니다.

아들들의 가슴속에 있는 고성능 카메라

"자녀는 부모의 뒤통수를 보고 자라난다"는 말을 합니다. 자녀들의 가슴속에는 마치 고성능 카메라가 있어, 부모의 삶의 자세와 가치관을 정확히 보고 자기 안에 내면화하며 자기 자아상을 세워 간다고 합니다. 부모가 아무리 좋은 앞모습을 보이고, 좋은 교훈을 입으로 쏟아 낸다 할지라도, 자녀들의 카메라는 결국 우리의 뒤통수를 향해 있다고 합니다.

그래서 부모가 자녀에게 줄 수 있는 최고의 선물은 결국 함께 시간을 갖는 것이라고 생각합니다.

사람들은 저를 '일 중독자'라고 부릅니다. 성실하다는 의미에서는 좋은 말이지만, 쉴 줄을 모른다는 의미에서는 나쁘다고 할 수도 있을 것입니다. 그런데 저는 '일 중독'이라는 말을 오히려 좋게 생각합니다. 언제나 어떤 경우

아버지를 가지라

에도 최선을 다하는 성실함 없이는 결코 들을 수 없는 별명이기 때문입니다.

그런데 이 별명이 우리 집에 저 말고 한 명 더 생겼습니다. 사람들이 큰 아들 유신이에게도 그렇게 말합니다. 그리고 단서를 붙입니다.

"너는 어떻게 아버지하고 똑같으냐? 너도 일 중독자야!"

매사에 자기 일을 끝내지 않고는 놀지도 않고, 한번 달라붙어 일하기 시작하면 쉬지도 않고 끝장을 보는 성질이 저를 빼닮았습니다.

신체 활동으로 지난 시간 동안 땀을 쏟고, 눈물을 흘리고, 참고 견디고, 다치고, 때로는 고함치며 함께했던 시간들 속에서 우리 아들들은 아버지가 정말 주고 싶었던 것을, 자기 가슴속 고성능 카메라로 이미 다 찍고 있었습니다.

교육은 말보다 삶(life)이 먼저입니다. 아이는 설명을 기억하기보다 분위기(atmosphere)를 저장하고, 반복되는 시간 속에서 습관(discipline)을 배웁니다. 결국 부모가 남기는 가장 큰 가르침은 '훈계'가 아니라, 함께 살아 낸 시간 자체입니다.

잊을 수 없는 밤

땅끝까지 13킬로미터를 남겨 두고, 송지마을의 허름한 모텔에서 뭉친 근육을 풀어 주겠다며 큰아들 유신이가 제 어깨와 발을 주물러 주던 밤이 있었습니다. 그때 유신이가 말했습니다.

"아버지, 우리가 여기까지 온 것이 믿기지 않아요. 우리끼리 가라고 했으면 절대 못 왔을 거예요. 힘들었지만 아버지 등만 보고 따라왔어요. 아버지 감사합니다."

저는 이렇게 대답해 주었습니다.

"나도 너희들 아니었으면 여기까지 못 왔을 것이다. 너희들이 잘 따라와 주어서 여기까지 오게 됐다. 너희들과 함께하면 나는 어디든 갈 수 있을 것 같고, 뭐든 할 수 있을 것 같구나."

그러자 유민이와 유하도 거들었습니다.

"아버지, 우리도 그래요."

이심전심이었던 그 밤, 우리는 행복한 마지막 밤을 보낼 수 있었습니다.

메이슨이 말한 교육의 열매는 결국 관계 속에서 드러나는 인격입니다. 그 인격이 그 밤에 고스란히 빛났습니다.

기다릴 수 없고 기다려 주지 않는 시간

지금 아니면 할 수 없다

아들들과의 신체 활동 시간이 늘어나고, 그 방법도 다양해질수록 큰딸 하영이에게 준 시간과 정성이 턱없이 부족했다는 사실이 제 마음에 늘 미안함으로 자리 잡고 있습니다.

그래서 이미 다 성장한 딸과도 정기적인 데이트 시간을 만들어 소통과 교감을 늘리고, 동시에 추억을 쌓아 가는 중이지만, 지나가 버린 시간은 아쉽기만 합니다.

이 아픔 때문에 도리어 저는 제 자신을 더 다그치게 되었습니다. "지금 아니면 결코 해 줄 수 없다." 그 마음이 우리 아들들의 뼈와 근육과 힘줄에까지 지대한 영향을 줄 만큼, 제가 더 적극적으로 시간을 내어 함께 움직이게 만든 동력이 되었습니다.

아이의 발달과 마음에는 계절이 있고, 그 계절은 기다려 주지 않습니다. 그래서 지금의 시간을 붙잡는 결단은 곧 삶(life)의 책임이며, 반복되는 동행은 훈련(discipline)으로 아이의 존재 전체를 세워 갑니다.

신체 활동은 전인격적 활동이다

우리의 모든 활동은 신체를 통해 이루어지지만, 그것은 눈에 보이는 결과일 뿐입니다. 실제로는 마음의 활동이 신체를 통해 드러나는 것입니다. 그러므로 신체 활동은 기능적 움직임만 수행하는 일이 아니라, 전인격적 활동이 함께 일어나는 시간이라 할 수 있습니다. 신체 활동만큼 역동적인 활동도 드뭅니다. 격렬한 움직임 속에서 우리의 지·정·의가 동시에 작동하기 때문입니다.

제가 아들들과 함께했던 시간 속에서 제일 힘들었던 것은, 사실 운동의 강도가 아니라 기다려 주는 일이었습니다. 겨우 걸음마를 뗀 아이들과 함께 논다고 생각해 보십시오.

지금 이 글을 읽는 아버지들 중에 유아기의 아이들과 몇 시간이나 놀아 줄 수 있습니까?

놀이터에 나가 아이 혼자 놀게 하고 시간만 때우다 들어오는 것이 아니라, 정말로 아이와 함께 놀아 주는 것은 시간으로 측정되지 않습니다. 그 시간은 아이의 깔깔거림으로 측정됩니다. 아버지가 아이와 잘 놀면 아이는 쉼 없이 깔깔거립니다.

저 역시 처음에는 아이들과의 신체 활동에 익숙하지 않아 무척 힘이 들었습니다. 그런데 어느 날, "이왕 하는 것, 제대로 해 보자"는 마음이 들었습니다. 그래서 끝까지 아이의 수준에 맞추어 놀아 보았습니다. 그날 저는 처음으로, 아들과 함께하는 진짜 즐거움을 맛보았습니다.

바로 그날부터 아이들과 함께하는 신체 활동은 '의무'가 아니라 '즐거움'을 기초로 하여, 함께 지지고 볶을 수 있는 시간이 되었습니다. 그리고 바로 그런 시간 속에서 아이들의 인격이 형성되어 갔습니다.

나중에 활동의 범위가 넓어지고 강도가 세지면서, 우리는 함께 견디고 고통을 참고, 서로를 배려하는 법을 배우게 되었습니다. 신체 활동은 어느새 단순한 운동을 넘어 인격 활동으로 농익어 갈 수 있었습니다.

이런 면에서 아버지와 아들들의 신체 활동 수준이 비슷해지기까지, 아버지가 기다려 주는 인내는 상당히 큰 것이었습니다. 그러나 바로 그 기다림 속에서 우리 아들들의 인격은 자라났고, 아버지인 저 역시 아버지가 되어 가고 있었습니다.

유아기의 느린 속도에 맞춰 기다리는 인내는, 아이에게는 안전한 분위기(atmosphere)가 되고, 아버지에게는 성품을 빚는 시간입니다. 그렇게 함께 반복하며 쌓은 걸음은, 결국 삶(life) 전체를 지탱하는 관계와 인격의 기초가 됩니다.

아버지를 가지라

4.

코람데오 홈스쿨의 신체 활동을 배우고 싶다면

주저하지 말라

부모라는 최대의 무기는 자녀를 향한 사랑입니다. 가장 좋은 것을 주고 싶은 마음, 그것이 사랑일 것입니다. 그렇다면 주저하지 마십시오. 자녀를 가장 사랑하는 사람도 부모이고, 자녀를 가장 잘 아는 사람도 부모입니다. 그리고 자녀를 끝까지 책임져야 할 사람도 부모입니다. 자녀를 통해 받는 칭찬과 영광도 부모 몫이고, 비난과 오욕도 부모 몫입니다. 자녀의 일생과 자녀의 몸과 마음이 자라나는 데 있어 부모만큼 크게 영향을 끼치는 사람도 없습니다.

지금 내 자녀에게 필요한 것은, 자녀를 향해 건강하게 사역을 감당하는 부모입니다. 특히 신체 발달에 있어 아버지의 영향은 절대적입니다. 자녀의 뼈와 근육과 표정과 말과 행동에 아버지의 인격과 믿음을 심는 중대한 일은, 결국 함께 시간을 보내는 것에서 시작되고, 그 자리에서 열매를 맺습니다.

교육의 출발점은 '분위기(atmosphere)'입니다. 아버지가 머뭇거리지 않고 아이에게 다가가 시간을 내어 줄 때, 가정의 공기가 달라지고 그 공기 속에서 훈련(discipline)이 자연스러운 습관으로 자리 잡습니다.

무작정 시작하라

처음부터 준비되는 사람은 없습니다. 하다 보면 준비되어 집니다. 일단 신체 활동을 위해 무작정 놀이터로, 운동장으로 나가는 것이 중요합니다. 자녀가 이미 컸다면, 그 나이에 맞는 장소를 찾아 집 밖으로 나가십시오.

중요한 것은 '무엇을 하느냐'보다 시간을 주는 것, 그리고 그 시간을 농밀하게 함께 쓰는 것에 있습니다. 가만히 앉아서 '수영 기초, 수영 중급, 수영 고급'을 마스터한다고 수영을 배우는 것이 아니지 않습니까? 수영을 배우려면 무조건 물속에 들어가야 합니다. 마찬가지로 자녀들과 어린 시절부터 노후까지 소통하기를 원한다면, 무조건 함께 나아가서 무엇이든 시작해야 합니다.

열정을 다해 깔깔거리고, 소리치며 웃고 울고 떠들면서 활동하십시오. 그러면 우리 가정과 우리 자녀에게 맞는 신체 활동이 자연스럽게 찾아지고, 그 활동은 점점 더 발전할 것입니다.

아버지가 잘나서가 아닙니다. 아버지가 완벽해서가 아닙니다. 우리는 아버지이기에 해야 합니다. 하나님께서 우리 자녀들에게 최고의 사역자로, 최고의 선물로 주신 사람이 바로 아버지이기 때문에 해야 합니다.

아버지를 가지라

조금씩 하되 꾸준히 하라

처음부터 너무 무리한 신체 활동을 하면, 아이들에게는 흥미를 잃게 하고 지루함만 남기거나, 아버지에게는 탈진이 올 수 있습니다. 그러므로 작고 짧게 하되, 흠뻑 빠질 정도로 하셔야 합니다. 정말 재미있어야 합니다. 다음 날이 되면 자녀들이 "나가요!" 하며 성화할 정도가 되어야 합니다.

중요한 것은 아버지도 재미있게 하려고 애쓰는 것입니다. 아이들 수준으로 내려가 똑같이 재미있게 하려고 하면, 정말 재미있어집니다. 그런 식으로 꾸준히 계속하다 보면, 어느새 여러분과 자녀들은 꿈도 꾸지 못한 곳에 가 있을 것이고, 상상조차 할 수 없었던 일들을 하고 있는 행복한 사람이 되어 있을 것입니다.

변화는 '큰 결심'이 아니라 '작은 반복'입니다. 짧아도 매주, 작아도 꾸준히 ― 그 반복이 아이의 몸과 마음을 동시에 빚어 갑니다.

아이들 염려는 하지 마라

아이들이 힘들어서 못 할 것이라는 말은, 솔직히 말해 대부분 기우입니다. 아이들은 잘 지치지 않습니다. 아이들은 지루해할 뿐입니다. 아이들은 무엇이든 할 수 있습니다. 뼈나 근육이 다 성장하지 못한 아이들에게 가혹하다는 근거 없는 생각에 너무 사로잡히지 마십시오. (물론 안전을 무시하라는 뜻은 아닙니다.)

암벽 타기나 마라톤이나 철인경기 같은 극단적 활동을 시키지 않는 한, 아이들은 아버지가 하는 대부분의 활동을 거침없이 소화해 내며 신체 발달과 마음이 건강하게 자라날 것입니다. 활동하면 할수록 아이들의 체력과 생각에 아버지가 감탄하게 될 것입니다.

자녀 앞길의 무한한 성장을 막는 것은 어쩌면 '안전과 건강'에 대한 부모의 지나친 걱정일 수 있음을 잊지 마십시오.

메이슨은 아이를 '약한 존재'로만 보지 않고, 하나님이 주신 생명력과 가능성을 신뢰했습니다. 두려움으로 막는 대신, 지혜롭게 환경을 마련하고 꾸준히 길을 열어 주는 것이 부모의 역할입니다. 그러면 아이는 삶(life) 안에서 스스로 성장합니다.

중도 포기는 걱정도 말라

신체 활동의 핵심은 습관입니다. 자녀와의 신체 활동이 어느 정도 습관이 되면, 사실상 중도 포기는 거의 불가능해집니다. 왜냐하면 아이들이 나로 인해 자라나는 모습을 보는 기쁨이 너무 크기 때문입니다. 어제와 오늘이 다르고, 오늘과 내일이 다른 모습이 아이들에게서 분명히 보입니다. 그 변화는 아버지의 마음에 신바람을 일으킵니다.

아이들이 더 성장하고 단단해지고 훌륭해지는 모습을 아버지가 바라보며 기뻐하고, 계속해서 격려하고 지지해 주는 이 행복을 스스로 포기할 바보 같은 아버지는 생기지 않을 것입니다. 자녀와 교감되고 소통되는 기쁨을 아십니까? 정말 최고입니다.

훈련(discipline)은 억지로 밀어붙이는 강압이 아니라, 반복이 만들어 내는 삶의 리듬입니다. 리듬이 자리 잡히면 포기는 '의지의 문제'가 아니라 '관계의 문제'가 됩니다. 함께한 시간이 이미 서로를 붙잡고 있기 때문입니다.

비용은 충분히 투자할 만하다

아내와 함께 2009년에 이스라엘로 11박 12일 성지 순례를 갔을 때 비용이 600만 원이었습니다. 2019년에 11박 12일 일정으로 동유럽 종교개혁지 방문을 했을 때는 700만 원이었습니다. 그런데 우리 아이들과 함께했던 등산과 자전거, 국토 종단의 비용은 그런 여행 경비와 비교할 수 없을 만큼 저렴했습니다.

등산을 갈 때마다 교통비와 김밥, 간식 비용으로 보통 5만 원 안쪽에서 해결되었습니다. 백 번을 잡고 7년 동안 계산해도 500만 원입니다. 자전거는 모두 중고 자전거로 준비했기에, 이웃집 형에게 그냥 받기도 했고, 구입하더라도 5만 원을 넘지 않았습니다.

배낭이나 헬멧은 한 번 사면 오래 쓸 수 있습니다. 등산화나 운동화는 시장에 가면 '구제품'이라고 해서 중고 신발 중에서도 상태가 쌩쌩한 것을 5천 원에 살 수 있어 그것을 신겼습니다. 어차피 활동량이 많다 보니 새 신발을 사서 신겨 봤자, 국토 종단을 세 번만 나갔다 오면 걸레 조각이 되어 버립니다.

국토 종단과 횡단 비용을 다 합해도 400만 원 정도였습니다. 가족이 함께 나가는 여행 경비에 비하면 충분히 저렴하다고 할 수 있습니다. 대충 계산해 보아도 12년 동안 1,000만 원 수준입니다. 50만 원짜리 학원을 다니는 중·고생의 1년 치 교육비보다 저렴합니다.

결국 중요한 것은 비용이 아니라, 시간을 함께할 의지입니다.

신체 활동의 시작은 멈춤에서 비롯된다

자녀들과의 신체 활동이 시작되었다면, 반드시 멈추어야 합니다. 지금까지 내가 살아왔던 삶의 방식, 시간의 우선순위, 익숙한 습관, 사람들과의 실없는 관계 등 많은 영역이 멈춤이어야만 합니다.

저는 40대 초반에 신체 활동에 뛰어들면서 친척과 친구 들, 동료 목사님들과의 관계를 최소화했습니다. 또한 제가 속한 공식 기관에서 순서에 따라 섬겨야 하는 일들을 제외하고는, 어떤 단체나 기관에서도 일을 맡지 않았습니다. 그만큼 아들들과 함께하는 신체 활동은 시간이 관건이었기 때문입니다. 멈춤이 가능한 아버지는 누구나 시작할 수 있습니다.

"많은 것들은 우리를 기다려 준다.
하지만 아이들은 우리를 기다려 주지 않는다.
지금 이 순간에도 아이들의 뼈는 단단해지고 있고,
피는 만들어지고 있으며, 감각은 발달하고 있다.

아버지를 가지라

아이들에게 우리는 '내일'이라고 말할 수 없다.
그들의 이름은 '오늘'이다."
— 요한 크리스토프 아놀드, 『아이는 기다려주지 않는다』 중

지금 자라나는 아이의 아버지라면, 충분히 멈출 이유가 있고 시작할 권리가 있습니다.

훈련(discipline)은 '무언가를 더 얹는 것'이 아니라, 삶(life)을 정돈하여 가장 중요한 것에 시간을 배치하는 일입니다. 가정의 분위기(atmosphere)는 선택과 포기로 세워집니다. 멈춤은 손해가 아니라, 아이를 향한 사랑의 질서입니다.

시작만으로도 아버지는 많은 것을 누릴 준비를 마친 것이다

재주도 능력도 지식도 경험도 없거나, 혹은 부족함이 우리 모든 아버지들이 처한 현실입니다. 그러나 하루하루 자녀들과의 신체 활동이 쌓여 갈수록, 아버지는 스스로 놀라게 될 것입니다. 함께하는 모든 시간이 가르침이 되고 배움이 되어 있기 때문입니다.

아버지의 설렘, 기쁨, 인내, 지루함, 고통, 결심, 안타까움과 실수, 고함과 분냄 — 이 모든 것이 스승이 되어 있을 것입니다. 함께하는 시간, 스쳐 가는 모든 일상이 아버지와 아들들을 성장시킬 것이 분명합니다. 두고두고 잊지 못할 추억과 함께, 평생을 살아갈 가르침이 전수될 것입니다.

그리고 놀랍게도, 시작 속에 이미 아버지가 누릴 영광도 함께 시작되고 있습니다.

교육은 '완벽하게 준비된 부모'가 하는 일이 아닙니다. 오늘의 삶(life) 속에서 시작하는 부모가, 반복을 통해 습관(discipline)을 세우고, 그 과정에서 가정의 분위기(atmosphere)가 바뀌며 함께 자라는 것입니다. 시작은 곧 은혜의 문입니다.

5.
국토 종단과 횡단은 신체 활동의 꽃이다

내 나라 땅을 남과 북으로 끝까지 걷고, 동과 서로 가로지르는 그 자체만으로도 의미 있고 가슴 벅찬 일입니다. 도시에 갇힌 시각을 벗어나 지평선이 보이는 너른 평야와 끝없이 펼쳐진 산봉우리들의 파노라마를 두 눈에 담는 경험은 돈 주고도 살 수 없는 선물입니다.

걸으면 걸을수록 마음이 조용해지고, 내가 무엇을 하며 어떻게 살아야 할지 곰곰이 생각하게 됩니다. 제가 여러 신체 활동을 해 본 결과, 국토 종단과 횡단은 저 자신에게도 우리 아들들에게도 가장 행복한 추억으로 남았습니다.

그러니 "국토 종단"이라는 말이 주는 위압감에 너무 눌리지 마십시오. 8살, 10살, 12살 아들과 52세 아버지도 행복하게 해낸 신체 활동입니다. 거창한 프로젝트가 아니라, 한 걸음씩 쌓아 가는 가족의 시간이라고 가볍게 생각하셔도 좋겠습니다.

교육은 삶(life) 안에서 아이의 전 존재를 깨우는 일입니다. 길 위에서 아이는 자연을 만나고, 자기 자신을 만나고, 부모를 만나며, 그 만남이 습관(discipline)과 성품으로 굳어집니다. 국토 종단과 횡단은 그 모든 배움이 한꺼번에 익는, 가장 큰 야외 교실이었습니다.

아버지를 가지라

닫는 글

보잘것없는 개인적 경험을 보란 듯이 세상에 내놓는다는 것이 왠지 우습게 느껴집니다. 그래도 한 번은 정리해야 한다는 생각이 있었기에 써 내려가는 작업 자체는 어렵지 않았습니다. 그러나 막상 탈고를 하고 되돌아보니 부끄러움은 오히려 더 커지고 말았습니다. 저보다 더 열심히, 더 지혜롭게 잘하고 계시는 아버지들께 누가 되지 않았으면 합니다.

꿈에 관해 사람은 대체로 두 부류입니다. 꿈만 꾸는 사람과 꿈을 이루어 가는 사람입니다. 소박하든 원대하든 꿈은 아름답습니다. 그러나 꿈만 꾸는 삶은 아름다울 수 없습니다. 꿈은 요행으로 이루어지지 않습니다. "심은 대로 거둔다"는 원리는 우리 삶의 모든 영역을 관통합니다. 꿈은 꾸는 자의 것이 아니라, 그 꿈을 위해 오늘을 살아 내는 자의 것입니다.

저는 자녀들의 꿈에 도움을 주고 싶었습니다. 부정과 비관이 습관처럼 깔린 세상에서, "열심히 하면 안 되는 일보다 되는 일이 더 많다"는 사실을 가르쳐 주고 싶었습니다. 꿈만 꾸는 아들들이 아니라 꿈을 이루어 가는 사람들로 살게 해 주고 싶었습니다. 빨리 가기보다, 천천히 가더라도 방향을 바로잡는 것이 중요하며, 위험하고 힘들다 해도 도중에 포기하지 말고, 더욱 하나님을 의지하며 인생길을 당당히 걷게 해 주고 싶었습니다. 몸과 마음이 더 튼실하게 영글게 해 주고 싶었습니다.

돌이켜 보면, 이 모든 과정은 '방법론' 이전에 '사람'에 관한 일이었습니다. 샬롯 메이슨은 아이를 "다루어야 할 대상"이 아니라 하나님 앞에 선 한 인격(person)으로 보았습니다. 교육은 기술이 아니라 관계이며, 지식 이전에 존재를 존중하는 일이라는 통찰입니다. 그리고 그는 교육을 세 단어로 정리했습니다. 분위기(atmosphere), 훈련(discipline), 삶(life).

가정의 분위기가 아이를 숨 쉬게 하고, 반복되는 훈련이 아이의 성품을 세우며, 살아 있는 삶이 아이의 사고와 감각을 깨운다는 뜻입니다. 제가 아들들과 함께 걷고 뛰고 넘어지고 다시 일어나며 보낸 시간은, 의도했든 의도하지 않았든 그 세 단어 위에서 흘러갔습니다. 결국 우리는 '운동'을 한 것이 아니라, 살아 있는 삶을 함께 통과했습니다.

아버지가 뛰어난 사람이라서가 아닙니다. 단지 하나님께서 자녀의 양육과 배움을 부모에게 맡겨 주셨기 때문이었습니다. 저는 부끄럽고 연약했지만, 그저 순종하려고 했을 뿐입니다. 그런데도 '아버지를 가지라'고 억박지르듯 붙인 제목이, 지금 읽어 보면 유치하게 느껴집니다. 그럼에도 하나님께서는 — 아들 예수님을 십자가에 내어 주시기까지 감내하신 하나님께서는 — 전적인 돌보심과 인도하심으로 오늘까지 우리를 이끌어 주셨습니다. 제가 붙든 것은 능력이 아니라 은혜였고, 길을 만든 것은 의지가 아니라 섭리였습니다.

국토 종단길에서 저는 몇 번이고 아들들에게 이런 말을 했습니다.

"너희들이 아버지 나이가 되면, 아버지는 이 세상에 없고 천국에 있을 거야. 오늘의 이 시간들이 가슴 저리도록 그리워질 것이다. 나이 먹을수록 더 그리울 거야."

감수성이 예민한 유신이의 눈에 물이 비칩니다. 그리고 저는 다시 말했습니다.

"아들들아, 지금 아버지와 걷는 이 길을, 다음에는 너희 자녀들과 함께 걷거라. 그때 너희는 아버지의 마음을 알게 될 것이다."

먼 훗날 우리 아들들은 제가 왜 이렇게 아들들과 신체 활동을 함께했는지 더 깊이 알게 될 것입니다. 그리고 그 길을 다시 걸으며, 단지 '체력'이 아니라 신앙의 유산을 이어 갈 것이라고 저는 확신합니다. 교육이란 결국 한 세대가 다음 세대에게 '기술'을 넘기는 일이 아니라, 하나님 앞에서 살아 내는 삶의 방향을 건네는 일이기 때문입니다.

이제 우리 아들들이 제 곁을 떠나갈 날이 앞으로 얼마 남지 않았습니다. 남은 시간, 좋은 마무리로 아들들에게 아버지를 더 마음껏 누리게 해 주고 싶습니다. 아이들의 이름이 "내일"이 아니라 "오늘"이듯, 아버지의 시간도 결국 "지금"이기 때문입니다.

이 책이 나오기까지 함께해 준 제 반쪽 이대인 사모와 딸 하영, 그리고 세 아들 유신·유민·유하에게 사랑의 인사를 전합니다. 또한 우리 가족을 품고 지지해 주는 송탄장로교회 교우님들께 깊이 감사드립니다. 그리고 신앙 안에서 더 나은 부모가 되고자 분투하는 모든 크리스천 부모님들께 이 책을 바칩니다. 끝으로 이 책이 나올 수 있도록 결정적으로 격려해 주신 사단법인 입양가족상담교육 협회장님과 좋은땅 출판사에도 감사를 전합니다.

2026년 4월 17일 갈릴리 수양관에서

권 혁철

아버지를 가지라

부록1

큰아들 '유신'이 아버지에게 보내는 편지

저는 아버지가 제 아버지여서 좋습니다.

아버지와 함께 살면서 했던 활동들은 제게 언제나 새로움이었고, 진한 추억이 되었습니다. 운동장에서 뛰고, 자전거 타고, 산에 오르내리던 시간들이 지금도 눈앞에 있는 것 같습니다.

예전에는 생각 못 했는데, 저만큼 아버지와 많은 추억을 가진 사람이 없을 것이라는 생각을 요즘 자주 하게 됩니다. 그래서 아버지가 제 아버지라는 것이 더 감사하게 느껴집니다.

제가 8살 때 동생들과 함께 자전거를 타고 아버지 고향 서천에 갔다 오며 엉덩이가 너무 아팠던 때, 산 정상에서 텐트를 치고 자고, 국토 종단과 횡단을 했던 일들이 가장 기억에 많이 남아 있습니다. 저는 정말 아버지와 동생들과 좋은 추억을 많이 가진 것 같습니다. 다 말하라고 한다면 끝도 없을 것 같습니다.

제가 지금 운동장에서 제일 많이 즐기고 있는 축구, 야구, 배구, 농구도 모두 아버지께서 가르쳐 주셨지요. 자전거 타는 것도 다 아버지에게서 배웠지요. 저는 조금 넘어졌지만 동생들은 얼마나 많이 넘어졌는지 몰라요. 넘어질 때마다 아버지께서는 이렇게 말씀하셨습니다.

"자전거는 넘어지며 배우는 것이다. 넘어지지 않는 자전거는 고장 난 자전거뿐이다. 자, 일으켜 세워라."

아버지는 우리를 독려하시면서도, 결국 스스로 일어나게 하셨습니다. 그리고 운동이나 등산, 자전거 라이딩을 마칠 때면 "끝이 좋으면 다 좋은 거야! 아들들 수고했다."라고 '로라 아버지'처럼 말씀하셨습니다.

저는 아버지를 따라다니는 것이 너무 좋습니다. 안 좋은 버릇인지는 모르지만, 아버지 곁에 있으면 어른들 말씀을 많이 들을 수 있는데 저는 그때 많이 배우기 때문입니다. 아버지와 어른들에게서 어쩜 그렇게 배울 게 많은지 모르겠어요. 신앙도 좋아지고, 농사에 대한 정보도 알게 되고, 집 짓는 것도 어느 정도 알게 되고, 정치가 무엇인지도 조금은 알게 된 것 같습니다.

그러니 어른들 말씀하실 때, 저리 가라고만 하지 마세요. 제가 눈치껏 조심할 테니까요.

아버지께서 말씀하셨지요?

"아버지를 가지라. 그리고 삶에서 모두 배워라! 좋은 것은 진면교사로 배우고, 나쁜 것은 반면교사로 배워라! 매 순간 배우려고 하여라! 인생은 어떤 순간도 버릴 것이 없단다."

지나고 보니 아버지 말씀대로 된 것 같아요. 아버지를 따라다니며 좋은 시간도 많았지만 정말 힘든 때도 많았어요. 국토 종단 마지막 전날, 해남에서 하루 종일 굶었던 때는 정말 배고파 죽는 줄 알았고, 발이 부르트고 물집 때문에 바늘로 터뜨리며 다닐 때도 무척 힘들었습니다. 자전거 사고로 넘어졌을 때도 정말 아팠습니다. 그런데 그런 시간들이 인내심과 끈기를 배우게 하고, 자신감과 용기를 얻게 해서 지금 제 삶에 도움이 되고 있습니다.

아버지를 가지라

우리가 국토 종단과 횡단을 한 것은 정말 자랑스러워요. 어떻게 그 먼 길들을 동네길 걷듯 다 걷게 되었는지 모르겠지만, 분명히 알게 된 것이 하나 있습니다. 천 리 길도 한 걸음에 정복된다는 것입니다.

아버지가 이렇게 말씀하셨습니다.

"아무리 먼 길도 한 걸음부터다. 우리 경험했지? 아무리 높은 황고개도, 떼어 놓은 한 걸음 한 걸음이 넘어설 수 있게 한 것이다. 우리 인생도 빠른 속도에 있는 것이 아니라 정확한 방향과 성실함으로 결정되는 것이다. 잊지 말거라. 인생은 심는 대로만 거둔다."

저 절대 잊지 않겠습니다, 아버지.

아버지와 오른 수많은 산 중에 오대산, 속리산, 치악산, 덕유산, 설악산, 지리산은 정말 큰 산임을 느꼈습니다. 하지만 이런 산보다 아버지는 제게 더 큰 산입니다. 아버지 고맙습니다. 영원히 사랑합니다.

아버지께서 들려주신 말씀처럼 "아버지를 줄 테니 아버지를 가지겠습니다." 그리고 "저 역시도 아버지 같은 아버지가 되겠습니다."

저도 아버지처럼 입양하고 싶고, 아버지처럼 자녀들에게 좋은 책을 많이 읽어 줄 것입니다. 환경에 굴하지 않고 가족을 책임진 로라 잉걸스의 아버지처럼, 나니아 연대기의 주인공들처럼 모험적인 멋진 인생을 살고 싶습니다.

우리 삼 형제에게 악기를 가르쳐 주시고, 아버지께서 설교하러 가시는 교회나 기관에서 멋지게 연주할 수 있게 해 주셔서 감사합니다. 그리고 앞선 신앙의 선배들의 삶을 영상으로 담아내는 '신앙열전'과 선교사님들을 초청해 그분들의 선교와 삶을 영상에 담아내는 '선교열전'을 찍을 때 제게 카메라 감독을 맡겨 주셔서 너무 감사드립니다. 촬영할 때마다 제가 확실히 깨달아요. "인간의 모든 일은 하나님이 이끌어 주신다."

아버지 존경하고 사랑합니다.

요즘 들어 체력이 많이 약해지셔서 소파에 자주 눕는 모습을 보면 마음이 슬퍼집니다. 이제 아버지께서도 늙어 가시는 모습이 보이는 것 같아요. 달리기도 느려지시고, 공 던지고 스파이크하는 힘도 약해지시는 것 같아요.

그러나 아버지, 염려하지 마세요. 우리 삼 형제가 있잖아요. 아버지를 주셨으니 이제는 우리가 아버지께 아들을 드리겠습니다. 철부지 아들들이 아니라, 성숙한 아들로 돌려드리겠습니다. 조금만 더 참고 함께 가 주세요.

2026년 4월 17일 아침

아버지를 존경하고 사랑하는 아들 유신 올립니다.

PS. 우리 아버지 책을 읽는 아버지들에게 국토 종단과 국토 횡단은 신체 활동으로 꼭 추천드립니다.

아버지를 가지라

부록 2

코람데오 홈스쿨의 목적과 비전을 향한 어머니의 기도

모든 삶 속에서 하나님을 예배하며 그분의 말씀을 경청하고 순종하는 부모와 자녀가 되게 하소서.

하나님께서 우리 가정에 허락하신 하영, 유신, 유민, 유하가 하나님을 사랑하며 그분을 영화롭게 하는 자들로 자라나게 하소서.

하나님께서 창조하신 자녀들의 모습 그대로 사랑하고 인정하며 격려하고 돕는 부모가 되게 하소서.

자기 자신을 사랑할 줄 알고, 타인도 자신과 같이 사랑할 수 있는 아름다운 자녀들이 되게 하소서.

영혼과 육체를 건강하게 돌볼 수 있는 자녀들이 되게 하시고 세월을 아끼고 자신을 늘 돌아보며, 배움을 사랑하는 자녀들이 되게 하소서.

성실히 배워서 기꺼이 남에게 줄 수 있는 자들이 되게 하시고 많은 사람들에게 믿음과 용기, 관용과 삶의 지혜를 나눠 줄 수 있는 자녀들이 되게 하소서.

불의를 용납지 아니하고, 하나님과 사람 앞에서 늘 정직한 자녀들이 되게 하소서.

땀 흘려 일함의 기쁨을 알고, 정직히 돈을 벌고 관리할 수 있는 능력을 겸비하여 자신과 가정을 세움은 물론, 고아와 과부와 나그네를 돌아보며 선한 일에 즐거이 헌신할 줄 아는 자녀들이 되게 하소서.

물질이나 다른 어떤 것보다도 사람을, 생명을 소중히 여길 수 있는 자녀들이 되게 하소서.

예수님의 삶을 본받아 따르는 부모와 자녀가 되게 하셔서 많은 사람들에게 예수 그리스도의 덕을 선전하는 가정이 되게 하소서.

시대를 깨우고 하나님의 나라와 의를 세우며 열방에 주의 은혜를 널리 전하는 부모와 자녀, 신앙 가문이 되게 하소서.

예수 그리스도의 이름으로 기도합니다. 아멘.

이 기도문은 우리 가정이 홈스쿨을 '방법'으로 시작하지 않고, 하나님 앞에 서는 '자세'로 시작하기 위해 붙들었던 고백입니다. 완전한 문장이 기보다, 매일의 삶 속에서 반복해 되새기며 마음을 다잡기 위한 기도입니다. 필요할 때 꺼내어 읽고, 각 가정의 언어로 덧붙이고 고쳐 가며 사용하시길 바랍니다.

이 대인